美味上桌前

從餐飲供應鏈的產業直擊

品嘗餐盤裡的勞動與人情

The DISH

The Lives and Labor
Behind One Plate of Food

Andrew Friedman
安德魯·傅利曼
馮奕達——譯

紀念三位在我撰寫本書的這一年中辭世的朋友：

Marcia Nasatir、Tom Perrotta 與 Eddie Schoenfeld，
分別與我共享了我對電影、網球與上餐廳的熱愛，
你們的熱情、睿智與溫情會繼續指引我、鼓勵我。

也獻給諸位飲食從業者，
謝謝你們信任我，由我道出你們的故事。

一頭牛跟一粒豆子的差別，
在於豆子能讓人展開一場冒險。
——史蒂芬・桑坦（Stephen Sondheim）

是跟我人在廚房裡時的同一批人煮的！
——據說，保羅・博古斯（Paul Bocuse）有一回來到用餐區巡場，有客人問那自己點的菜是誰在煮，博古斯於是回對

給點信心，夜裡有奇蹟。
——布魯斯・史普林斯汀（Bruce Springsteen）

目次

特此說明

Author's Note

一切皆有所本。
我只有調整少部分時間點。

序言：匯聚成盤

How Does It All Fit Together?

超心理學專家福克斯．穆德（Fox Mulder，雖然他是影集《X檔案》中的虛構人物）有個理論：夢回答的是我們不曉得怎麼問的問題。

這本書的構想是我在夢裡想到的。某天早上一覺醒來，整個概念都成形了：挑一家餐廳，選一道菜，然後作人物側寫——寫餐廳裡跟餐廳外的人，寫他們的生活，寫他們最終盛盤的功夫。那個夢給我帶來的問題是：**這一切是怎麼匯聚到一個餐盤上的**？

這個疑問我沒有答案，連無意識的我也答不出來。重點來了。假如我想要解答，就得深入了解，並且寫下這本書。

關於主廚與廚房文化，我已經用了將近二十五年的時間來寫報導，做節目。其間，我觀察過專業待客人員的準備作業與服務；我曾經在一百多個地方進行訪談或隨機閒聊，對象從主廚到洗碗工都有；我走訪過農場，有時甚至投宿在當地；我有幸享用上千頓的午餐與晚餐，經常與構思菜色與備餐的人討論餐點內容。一頓飯的每一個組成部分我都懂，但我卻無法告訴你，具體來說到底怎麼樣把一道菜的每一片拼圖拼起來：新的烹調方式與新的菜色，得怎麼樣溝通與指示，才能傳達給廚師？農場如何判斷種什麼、種多少，如何處理來自數十位主廚顧客的訂單，貨品要如何包裝與送貨？餐廳內場究竟是在什麼時節，用什麼方式購買農漁牧產品？到底是什麼樣時間同步的奇蹟，才能讓好幾名廚師把一道菜裡各自獨立的元素準備好，分別維持正確的溫度，同時還要在招待顧客的龐大壓力下執行其他大量的工作？

要是連我都答不出這些問題，平常上餐廳的顧客，會知道自己吃的餐點得花多少功夫才能做得出來嗎？更有甚者，我們有誰能精確理解光是一道菜，就包含多少的苦心、創意與合作？

為了一探究竟，我聽從夢的指示，從單一道菜出發，沿著兩條路線鉅細靡遺地回溯：一是廚房與侍餐團隊成員的個別貢獻，二是構成這道菜的關鍵材料，看農民與供應商在種植、畜養與加工這些素材時投入的心血。

COVID-19大流行期間，我在家工作。經過一番研究之後，我鎖定芝加哥的「緣滿」（Wherewithall）餐廳為目標。由於緣滿只提供套餐（或品嘗菜單，Tasting Menu），每個禮拜都會更換，主廚得在壓力之下盡力發揮，所以我一直到二〇二一年七月倒數第二周開始蹲點時，才知道菜單是什麼。（這個決定感覺好像很冒險，但我是根據餐廳的人員組成和工作流程來選擇，因此就算無法預先知道菜單也不要緊。）為了讓敘事盡可能流暢，我預計以菜單上最後一道鹹點作為本書的主軸；而在緣滿，這最後一道菜一定是以白肉或紅肉為核心——答案揭曉，那周出現在菜單上的紅肉餐點，名叫**乾式熟成前腰脊肉佐番茄與酸模**（*Dry-Aged Strip Loin, Tomato, Sorrel*）。

緣滿的業主，也就是主廚夫妻檔強尼．克拉克（Johnny Clark）與貝芙莉．金（Beverly Kim），慷慨應允我自由進出工作區、用餐區，和員工接觸，還幫我聯絡提供食材的農場、牧場與酒廠。我除了在餐廳待了一星期，觀察並訪談幾位員工，還額外花了一周（沒有接續蹲點的那一周）租車在中西部到處繞，造訪農場與生產設施，隨車送貨，並訪談業主與現場的工作人員。

這是一場冒險，也是一段學習。期盼你讀後也有同感。

安德魯．傅利曼於紐約布魯克林

二〇二三年一月

第一章

喊單

Calling Orders

緣滿（Wherewithall）是一家五十席的餐廳，由鋼、玻璃、金黃色澤的木頭與磚牆打造。外場領班荷莉・諾克斯（Holly Knox）靠在門邊，視線朝天邊的雲朵看去，宛如末日的烏雲聚集在芝加哥的天空，遮住了日頭。氣象預報沒有報到這段，但在下午四點三十分，這個仲夏日卻如天啟末世般化為黑夜，無疑要下暴雨了——

幹！半空中的水壩潰堤，洪水已然到來。**就這麼著**，整座城市遭受雨彈暴擊：路人紛紛擠到遮雨棚底下。車子減速徐緩而行。雨滴噴濺，彷彿水球般砸在緣滿用餐區的方形對外窗上，窗裡望出去的景色瞬間變成一幅印象派的畫。餐廳裡，幾名侍者（server）穿著制服正等候著當晚的首批來客。侍者們的制服——硬挺的白色正式襯衫搭配藍色圍裙，為用餐區增添色彩。開放式廚房裡的廚師三人組蓄勢待發，把一盤盤切好的魚和肉擺進矮冰櫃（lowboys）*，各自的崗位都備好了廚用擦巾。大家硬是無視上天正在洩洪，做著自己的事，直到廚房天花板有漏水才不得不處理。一名團隊成員衝上空空如也的二樓，在樓地板的裂縫上鋪好一張油地氈，阻止水穿透——這是權宜之時的權宜之計。

這天是二〇二一年七月二十四日，星期六，而緣滿就和多數苦撐著的餐廳一樣，需要喘口氣。COVID-19大流行已經像瘟疫肆虐整個社會超過一年，從二〇二〇年三月開始迫使全國產業停擺，迄今已導致全美將近十萬家餐廳與酒吧關門，全球更是有超過四百萬人喪生。近幾個月來，疫苗已經開始施打（芝加哥這種自由派大本營更是如此），雖然擔心未來還會出現變異株，但生活正蹣跚走向恢復，例如在防護措施下重新開始室內用餐。強尼・克拉克（Johnny Clark）與貝芙莉・金（Beverly Kim）夫妻是這家餐廳的雙主廚兼共同業主，同時共有餐廳所在的這棟建物。餐廳的後門通往舒服的混凝土院子兼私人包場空間，院子的另一端則是辦公室。最近，夫妻倆不再要求員工戴上可阻擋細菌的手術用醫療口罩，但在宜人的夜裡，餐廳後門還是會打開，確保空氣流通，只是現在有幾個小時恐怕得關上了。

系統顯示，今晚緣滿有九十二人預約，是四星期之前重新開業以來最多的人數——員工有機會繼續調整狀態，這間餐廳也能深吸一口賴以為生的收入。但就算是在最好的時節，驟變的天氣也足夠讓人取消訂位，事情一下子變得很不確定，直到下午五點五十分，也就是開始營業的十分鐘前，最後的幾滴濛濛細雨愈收愈小，太陽也在氤氳中舉行最後的安可登台，而後夜色真正降臨，狀況才算穩定下來。北奧巴尼大街（North Albany Avenue）住宅區一帶，蹣跚的小朋友和彎身帶小孩的保母，此時又從過度細分

＊擺在廚房工作臺下方的小冰箱。

的土地上蓋滿的樸素房子裡走出來。不遠處也傳來孤鳥的啁啾，昭告自己安然無恙。眼下局面已經好轉，而緣滿餐廳團隊此時得到了二〇二一年夏天每個人都想要或期盼的——那就是一個機會。

一小時後，暴雨便如噩夢般退去。但會不會剛剛的暴雨才是真實的，**現在**反而是在作夢？餐廳裡感覺確實很夢幻：長期歇業的用餐區因為盡情互動的人們而重獲生機，而吧檯區（荷莉在這裡用安裝在移

強尼・克拉克與貝芙莉・金。
Cory Dewald 攝。降落傘餐廳授權使用。

動式接待櫃檯上的觸控平板確認訂位）則綻放著重逢與慶祝的盛況：

「坐下前先在吧檯喝一杯吧。」

「法蘭克！我們多久沒見了？」

「至少疫情開始之後就沒見了。」

「來抱一下……你不怕的話。」

「你唷，生日快樂啊！」

餐廳分成相鄰的兩大區，中間是沒有門的連接通道，通道壁面上拼滿了木條，模仿酒桶的內部。音樂聲迴盪整間餐廳。每晚，總經理潔西卡．萊恩（Jessica Line，三十多歲，一頭紅棕色的捲髮）都會在 Spotify 上根據不同音樂人的風格特色挑一個「電台」播放。今晚為了向老闆兼主廚強尼的故鄉致敬，潔西卡挑的是俄亥俄州辛辛那堤的搖滾樂團負心漢（Heartless Bastards）的電台，程式把他們酒吧風格的音樂解構、推算之後，變成搖滾、藍草、鄉村與靈魂樂的大雜燴歌單。現在，正播到納許維爾（Nashville）的歌手莉莉．希特（Lilly Hiatt）用顫音唱著歌頌愛與奉獻的歌，〈最耀眼的明星〉（Brightest

Star）。

貝芙莉與強尼擁有並經營兩間餐廳。二〇一四年五月，他們在兩個路口之外的地方開了第一家餐廳，「降落傘」（Parachute，這家餐廳的建物也是他們的）。降落傘的單點（à la carte）菜單，透過貝芙莉與強尼的經典西（或者該讀作「法」）式烹飪訓練，折射出在美國長大的貝芙莉的韓裔文化傳承。五年後，他們開了緣滿，這裡的料理大玩現代美式風格，亦即汲取各種文化與料理的精華，不時夾雜傳統的備料手法或菜餚。夫妻倆在其他方面也富有創造力，他們有三個孩子（三歲、四歲與十一歲）和一條狗——名叫富蘭索瓦（François）的波爾多獒犬，臉上總掛著一副厭世表情。偶爾，在晚餐時間前，一家六口會一路嬉鬧玩進餐廳，簡直就像現代版的《家庭馬戲團》（*Family Circus*）。小朋友會在吧檯畫著色畫，或者在院子裡追來追去，而他們的爸媽則是忙著解決五花八門的一大堆料理與經營難題。

外界把「降落傘」跟「緣滿」歸類在**主廚導向**、**必訪**，甚至是**精緻餐飲**（fine-dining）——雖然氣氛相對隨興——類別的餐廳裡。這兩家餐廳各自獨立，但不是夫妻店。與其他數以千計的餐廳採用的固定菜色不同，這兩家餐廳的餐點大多獨一無二，設計的時候除了顧及營養、滿足感與娛樂效果，也是為了讓主廚盡情展現（包括餐廳的行政主廚（chef de cuisine）*，泰麗・普羅謝漢斯基（Tayler Ploshehanski））。相識之前，貝芙莉與強尼都在名聲顯赫的各家料理學校四處磨練過，後來則在著名餐廳的廚房裡精進自己的廚藝與味蕾。貝芙莉待過最有名的餐廳，莫過於美國料理界聖殿，芝加哥的「查理・特勞特餐廳」（Charlie Trotter's），強尼則是在紐約市歷史悠久的「巴斯克海岸」（La Côte Basque）與其他餐廳工作過。他們聘了一位負責向媒體圈推銷的公關，以及一位經紀替他們四處尋找上鏡頭的機會。他們的名字經常出現在文章裡，降落傘是米其林一星餐廳，而貝芙莉與強尼更是共同獲得詹姆斯・畢爾德基金會獎（James Beard Foundation Award，料理界奧斯卡獎）的五大湖區最佳主廚（Best Chef of the Great Lakes region）。貝芙莉還曾經是老牌電視台「精彩電視台」（Bravo TV）料理競賽節目《頂尖主廚大對決》（*Top Chef*）的參賽者。他們在業界就是百分之一的佼佼者。

不過，緣滿的作風則是一派平等，包括服儀要求在內——根本沒有要求。假如你穿短褲夾腳拖來吃晚餐，也不會引發什麼特殊反應，除非是冬天。更有甚者，這家餐廳提

---

* 行政主廚是一家餐廳裡的日常主廚。這個頭銜通常用於稱呼主管廚房，在諮詢主廚業主（chef-owner(s)）或與之合作的情況下制定菜單的主廚，而主導餐廳料理風格的則是主廚業主的願景。

供的是相對平價的套餐（品嘗菜單），也就是說背景與財力大不相同的顧客，享用的都是同樣的七道菜，五道鹹點與兩道甜點，菜與菜中間可以加點額外的特選乳酪來銜接。每周菜單都會有兩樣小點（snacks，現在大家逐漸偏好用這個平凡的英文單字取代法文的「開胃菜」〔*amuses*〕，稱呼廚房招待的、一兩口可吃完的迎賓菜）；湯品、麵包與奶油；一道主食；一道魚；一道肉；一道「間奏」（intermezzo，前甜點）；以及主甜點。除了麵包跟奶油，菜單每星期都會換，每天都會根據食材供應狀況以及主廚對餐點的滿意度而稍事修改，此外也能隨時根據顧客是否過敏或不吃某種肉隨時調整。

這裡的食物是創意、手藝與體力勞動的成果，而成果不只屬於強尼、貝芙莉與行政主廚泰麗，也屬於副主廚（sous chef）與其他廚師、洗碗團隊與侍者。大多數的餐廳都是這樣。除了餐廳，辛勞的還有農民、農場工人、生產商、送貨員、包裝工，以及許許多多不及備載的人。每一餐乃至於每一道菜皆如此。

比方說菜單上的紅肉料理，也就是**我們點的**那一道菜。接下來在緣滿的七十五分鐘裡，我們要在廚房的喧鬧嘈雜中追尋其備餐過程，這道菜就像電影《辛德勒的名單》（*Schindler's List*）裡那位不知其名的紅衣小女孩，其身影在黑白畫面的襯托下，一眼望去是絕對不會錯過的。為這道菜付出心血的，有餐廳裡的人，也有提供關鍵食材的農場

緣滿晚餐菜單

7/24, 2021

—— 點心 ——

（實際菜單未列出）

—— 高湯、麵包、奶油 ——

（實際菜單未列出）

—— 燕麥佐鈕扣雞油菌與玉米筍 ——

Mari 葡萄園，麗絲玲白酒 2016 年分，密西根

—— 無鬚鱈佐蠟豆與侏羅黃酒 ——

Holger Koch 酒莊，灰皮諾白酒 2020 年分 + 其他，德國

—— 乾式熟成前腰脊肉佐番茄與酸模 ——

Wyncroft 酒莊，卡本內蘇維儂紅酒 2017 年分 + 其他，密西根

—— 前甜點 ——

（實際菜單未列出）

—— 烤桃子佐檸檬卡士達與洋甘菊 ——

Rare Wine co.，馬德拉葡萄酒，葡萄牙

每晚菜單　$85

搭配餐酒　$45

今日乳酪　$15

（Johan 葡萄園，比斯頓夏多內 2014 年分）　$15

裡的人。後續我們會見到他們的面。

今晚，廚房將會烹調、擺盤、端出這道紅肉料理九十二次，套餐中的另外六道菜也是。菜單根據時下流行的極簡與低調，寫下其主要食材 *dry-aged strip loin, tomato, sorrel*（乾式熟成前腰脊肉佐番茄與酸模）——看！沒有用大寫字母。對於在二〇二一年造訪緣滿這類餐廳用餐的大部分顧客來說，知道這些就夠了。根據他們的設想，餐盤上會盛著乾式熟成前腰脊肉、番茄與酸模（確實），這三樣明寫出來的食材會

我們那道菜：緣滿的肉料理「乾式熟成前腰脊肉佐番茄與酸模」。
供應期間為二〇二一年七月二十日至二十四日。

經過若干調理，並搭配一些元素來提味。以這道菜來說，前腰脊肉會經過烘烤、切片，擺在盤中滴灑的紅酒濃縮醬汁上，醬汁是用密西根州溫克羅夫（Wyncroft）酒莊的卡本內蘇維儂（Cabernet Sauvignon）、卡本內弗朗（Cabernet Franc）與梅洛（Merlot）三種紅酒混合，在緣滿的廚房裡大改造，成品富含乳脂，還有洋蔥與香草的強烈氣味。這道菜裡假如有出人預料的變化球，大概就是番茄的分量了：半顆紫紅色白蘭地番茄（Brandywine），從中間橫切，露出中間的果肉，然後在爐子裡耐心脫水好幾個小時——不到脫水變成番茄乾的程度，但足以濃縮其汁液，突顯番茄味。這半顆番茄要配上一大杓的濃縮紅酒醬，在餐盤上占的空間跟牛肉一樣大，要用刀叉才能入口。酸模的處理則是截然不同，每份餐直接配三、四片酸模葉，隨意擺放在番茄上，彷彿達利（Dali）的畫作《記憶的永恆》（*Persistence of Memory*）裡面那些融化的時鐘。（供餐開始前，我們這道菜的材料藏在廚房各個角落，大部分不會示人：大小不一的前腰脊肉切塊用保鮮膜包著，上面用藍色麥克筆寫上這塊肉能做出幾份四盎司的分量。醃過的酸模葉集中放在正方形的Lexan*容器裡，蓋子蓋緊，放進矮冰櫃，以免在廚房的環境熱（ambient

* Lexan是用聚碳酸酯熱塑性塑膠製作的食物容器，極為耐用，有生產各種尺寸，常見於專業廚房。

heat）當中變軟爛。紅酒醬汁的材料也在矮冰櫃裡。切半的半脫水番茄則集中放在烤盤上的散熱架上，擺在開放式廚房裡。）

對，光是要讓這麼基本的材料能夠裝盤，就需要數十名勞動者經過無數個月與無數里程的合作，才能完成。

來，你來看就知道了……

夜色與月光籠罩了外面的天空，對街的愛爾蘭式酒吧「警監歐尼爾」（Chief O'Neill's，供應健力士〔Guinness〕啤酒與免費無線網路）點起霓虹燈，燈光就這麼在芝加哥勞工階級街區艾文戴爾（Avondale）的主要道路——北埃爾斯敦大街（North Elston Avenue）工業區路段的路面積水中閃爍。（不遠處的高速公路涵洞下，有個大蕭條時期公共事業振興署〔Works Progress Administration〕風格的、久經風霜的黑白壁畫，畫的是一名砌磚工人，他的頭上寫了一行字：**艾文戴爾：芝加哥由此街區打造。**）回到緣滿餐廳裡，總經理潔西卡把燈光調暗，音樂轉大聲，來客也變得年輕起來；他們盛裝打扮，共赴重要夜晚，和早鳥客人衣著的馬德拉斯格紋與柔和的粉彩形成對比，餐後共赴雲雨的機率也直線上升。到了八點鐘，也就是星期六晚上的用餐高峰，餐廳的用餐區一年多來首度接近滿座，而且還有更多客人在吧檯區候座；每當有一行人（party）*簽了信用卡簽單然後閃人，桌子就會馬上清理、消毒（疫情時期所做的調適）、重新擺好，然後坐進新的客人。

從用餐區可以看到、聽到開放式廚房的情況，裡面的廚師正進入三頭六臂模式；經過的話，你是可以觀察出一兩

小街區大能耐。

* 用餐飲業的說法，同一桌的客人合稱一行人；每出一份餐就算一個人頭（cover）。

個細節：在爐子與走道間的狹窄長條空間裡，有個肌肉發達的鬍子男，和一名捲髮仔細修剪過、稍微年輕一點的廚師繞著對方起舞，煮好的餐點則放在出餐台上排好，方便侍者把餐送到各自的桌子。（侍者到出餐台邊，會用氣音說「有手」〔hands〕，意思是他們手有空，可以接手碗盤。讓人想到少年美式足球的接球員對四分衛喊「**我有空檔！**」**我有空檔！**」）捲髮廚師處理爐台上的四個小平底鍋，還有爐台下方烤爐裡的東西；鬍子廚師分切白肉魚片，不時瞟一眼身後冰箱大小烤爐的電子溫度計，監控爐子裡食材的熟度。廚房裡只有三名專任廚師，而這兩人處理大多數的餐點。空間裡還有一個人，是餐廳的擦拭工。他頭上輕鬆地斜戴著一頂白色的油漆工帽，把一疊疊的盤子與一大堆的玻璃杯補上架，補進廚房與吧檯區的內嵌壁櫥裡。第三名廚師的崗位在開放式廚房的另一端，是一名二十出頭的女性。她把兩個陶碗擺上出餐台，然後跨一大步回到自己的崗位，接著迅速反覆轉身，遞出整齊擺滿麵包切片的鐵線籃和裝著手作奶油的小碟子。三名廚師構成一組三人的「三環馬戲團」（three-ring circus），表演者不停重複各自間歇而交錯的演出動作。

廚房沒有門，只有出餐台底端開了口，行政主廚泰麗就站在那兒。泰麗三十二歲。她把棕黃色的頭髮盤在頭頂，打成髮髻。她的臉上掛著一副大眼鏡，看起來像書呆子——這很有趣，畢竟她最常用來形容自己的詞就是**傻裡傻氣**；但說傻也很妙，畢竟她在廚房裡的人格——一襲白外褂，眼神掃視全場，永遠備著一隻自動鉛筆——散發出的是嚴肅的氣場。她的左手包著白紗繃帶，纏得好像糊上了紙漿，是她今天稍早劃傷的部位，離毫髮無傷度過這星期就差幾小時而已。（這家餐廳周日與周一公休。）

泰麗宛如一塊河中的巨岩，被白色的激流沖刷，職員中大概只有她沒在拚速度。用餐區有領班帶領客人入座，侍者提供建議、熱忱、食物與飲料，客人則享用餐點。吧

行政主廚泰麗・普羅謝漢斯基在忙碌的周末控場。

檯區正在調製雞尾酒、倒出紅酒，一瓶瓶的酒擺在頭頂後方嵌入式的方形冰箱裡閃閃發光。廚房裡的成員彷彿輪唱般，一遍又一遍製作出同樣的幾道菜。

緣滿廚房的脈搏，是侍者遞給主廚的點菜單——一張三乘五平方英吋的感熱紙。這個傳遞的動作，催動了為一桌客人（無論入座的是一個人還是六個人）準備所有餐點的輪番作業。餐廳生意好的時候脈象連續不斷，點單絡繹不絕，心跳節拍精準（「**手指交叉**」**祝好運！**），前單接後單，後單推前單；忙碌夜晚的每一刻，都會有五六道菜分別處於不同的備餐階段。這也讓從頭到尾追蹤單一道菜的製作過程——就像我們接下來要對「乾式熟成前腰脊肉佐番茄與酸模」做的那樣——變成一件令人頭腦打結的任務，唯一的方法是鎖定一張新進來的點單，鎖定這張單子勾動的、錯綜複雜的連鎖反應。

今晚在緣滿有班的四位侍者當中，有一位叫努莎·愛拉米（Nooshà Elami）。努莎是個性格外向的伊朗裔美國人，三十出頭，黑髮綁成馬尾，睫毛膏、金圈耳環、一圈圈叮叮噹噹金銀項鍊讓她的五官更加突出。現在大概是八點過一刻，努莎人在第十二桌——用餐區有一大塊方形植栽區，種滿黃金葛，其中三個立面緊貼著鋪設了長條形的座位，而這塊植栽把用餐區的桌子分成兩列，第十二桌是其中的一張雙人雅座。桌邊等候她的是一對四十歲出頭、正在閒聊的男女——顯然是夫妻。努莎為男方送上一杯調酒「臨別一語」（The Last Word，這裡用梅斯卡酒〔mezcal〕來調），為女方則是送上一杯麗絲玲（Riesling）白酒。

「兩位的訂位資訊沒有提到會過敏或不吃的食物」，努莎一面說，一面掃過他們的點單。「對

努莎・愛拉米在出餐台跟主廚業主強尼・克拉克討論。

嗎？」（緣滿的作法是預先把點單印出來，用迴紋針夾在每一行人的菜單上，擺在接待櫃台的小盒子裡。訂位的客人抵達、入座時，再把點單交給侍者。可以的話，線上訂位的附註欄或是電話訂位時就會問到是否有過敏源或不吃的食物，點單上面也會寫出來。但多問一下也無妨，畢竟要是真有人過敏，引發的症狀也包括……嗯……**掛掉**。）

「都吃，」說話的男子露出客氣地笑。「直接上菜吧。」

假如必須調整，努莎會在點單上手寫，寫出是幾號位客人的菜要特製。例如「P1麩質不耐」或「P2素」（吃素）；這套流程讓廚房能確保侍者把特製的菜送給對的客人。

平常時的努莎表現自信又權威。進了用餐區，她對於自己負責的桌能順應需求調整自己的服務風格，對此也引以為豪：如果客人一看就是「吃貨」（foodies），她多半不多費唇舌介紹食物，免得好像在暗示心高氣傲的吃貨連法式蒜泥蛋黃醬（rouille）跟西班牙紅椒堅果醬（romesco）都分不出來。對於熱情的嘗鮮客——她最喜歡這種來客——她則會灌輸內行人才懂的食材與備餐方式等入門知識，提供各式搭餐酒的建議，並引導客人提問。多年來，她已經有一套直覺，能看誰誰準：「我不用動腦想」，她說。「很難解釋我到底怎麼知道的，但好的侍者具備這種條件——你知道那桌有什麼需求。可能是客人的肢體語言，他們看我的方式，他們看起來興趣有多濃，還有桌邊的其他一切。」努莎自己也是美食饕客，什麼都敢嘗，唯獨對午餐肉敬謝不敏，承認自己對此噁心不已。她天生容易餓，所以特別愛吃。她也喜歡品嘗優質葡萄酒，或是風味平衡的雞尾酒。這些嗜好對於她深入了解客人的料理知識水準（或者缺乏水準），與客人交心的能力很有幫助。

努莎是中西部的孩子，媽媽是美國人，爸爸是伊朗人，因此相較於密西根州的葛洛斯波因特（Grosse Pointe）的同齡小孩，她對那些陌生的食材與菜餚都很熟悉。爸媽的家人都很喜歡波斯菜，家裡傳統美式感恩節與聖誕節大餐時總會有石榴籽與塔赫迪格（tahdig，奶油米鍋巴）來畫龍點睛。她自己也下廚：她的祖母送她食譜，還訂《家鄉味》（*Taste of Home*）雜誌給她；在努莎回憶中，那「絕對是你能找到最道地的中西部料理雜誌」。十二歲那年，她第一次開伙，一小時後端出了義式獵人燉雞（chicken cacciatore），結果備受好評。從此，她把握每一個機會為朋友下廚，有時在自己家，有時去朋友家。成年獨立之後，她也經常在晚上開派對，舉辦感恩節與聖誕節聚會。

這些歡樂的片刻，在痛苦的青春期中顯得特別突出：小時候，努莎隨家人搬到密西根卡拉馬祖（Kalamazoo）西南方的小鎮馬塔宛（Mattawan）。她在這兒第一次體會到種族歧視，而蓋達組織的恐怖分子在二〇〇一年九月十一日襲擊紐約與五角大廈之後，歧視更是嚴重千百倍。那年秋天，但凡有中東血統的人在美國都承受異樣眼光，而伊朗血緣的她有著棕膚色和不同於他人的姓名，也因此領教了當地人的排外偏見。她八年級班上的同學發起反努莎社團，成員的秘密手勢與明擺著的即時通訊息傳達的都是同一個恐怖的願望：**努莎．愛拉米應該自己死一死**。班上沒有一個人敢脫隊跟她做朋友，甚至沒人替她說話；她向學校反應，得到的是不痛不癢的官方答覆。「我每一天都被上百個小孩霸凌」，努莎哀求。「小孩畢竟是小孩」，校方事不關己。

多年來，周末下午她都把自己關在家裡——她說道，小時候的自己對別人的關注**上了癮**（這是她的用詞），是班上的搞笑咖，這麼做一部分是為了補償家裡生活的一團亂（她毫不猶豫說出自己的爸媽是「差勁的家長」，但不願詳說），而對這樣的孩子來說，足不出戶堪稱酷刑。此後她得不到一點正向的尊重。雖然她說自己不算敏感人，天生有自信與韌性，有能耐把人家的排擠瀟灑地當作「他們的損失」。但是，面對這種過分而徹底的敵意，什麼樣的心防能耐得住呢？

「我不能說這些事情沒有影響我」，她說。「很顯然有嘛。我很難過，真的很難熬。」

這或許能說明努莎展現出來的兩面個性。她有時給人感覺全副武裝，隨時可以開戰，讓人絕對不敢撩虎鬚。但她也有柔軟的一面。餐廳因為新冠疫情被迫暫停營業時，她跟緣滿的女同事們透過群組訊息，用類似「老實說，我現在超想開班前會*」的訊息來表達自己多懷念工作時光。

高中畢業後，努莎進了一所小型私立基督教文理學院，信德學院（Hope College）。她憑著寫詩與短篇故事的功力，得到學校提供的創意寫作獎學金。但她對信德沒有歸屬感。之所以註冊入學，純粹是因為爸媽是校友——像是學習路上的指腹為婚。她在一年半之後輟學，然後試讀社區大學。

她沒有讀完。但就讀社大期間，餐飲服務業的工作**的確**讓她從學校生活的桎梏中解放並發光發熱。十幾歲的時候，她在大理石板冰淇淋（Marble Slab Creamery，類似老字號版本的酷聖石冰淇淋〔Cold Stone Creamery〕）加盟店做櫃台；後來在二〇一二年，她在離開學校後短暫住到波士頓，得到第一份貨真價實的餐廳工作，在牛排館當接待，然後回到中西部，定居在芝加哥。

過了七年，打過無數短工，努莎在二〇一九年夏末開始在緣滿的工作，正好是這家

* 餐廳晚班前的會議。

餐廳七月開幕後不久。從二〇一六年之後到來這裡工作之前，她待過許多地方。努莎本來在現代主義料理的先鋒，Moto 餐廳送餐，她在那裡如魚得水，負責把最新潮的食物端給對料理充滿好奇的饕客，其中許多人上餐廳的態度就跟上教堂一樣虔誠。但 Moto 的主廚霍馬羅・坎圖（Homaro Cantu）自縊身亡後，Moto 也在二〇一六年歇業。

「Moto 跟這裡有點像，來的客人都曉得自己為何而來，都很興奮」，她說。「這種客人真的很好相處，我很喜歡跟他們聊食物跟葡萄酒。」

她覺得緣滿「撫慰人心」，而且空間明亮，空氣流通，對比不久前任職最短的經歷之後——一家光線總是暗到不行、感覺一直身在凌晨兩點的潮酒吧——這裡堪稱解脫。她也很佩服貝芙莉與強尼進步的經營理念：這對夫婦自願為員工提供所能，包括醫療保險——對於服務業來說絕非理所當然。兩人也會為了各種崇高的目標提供自己的名氣、餐廳空間以及時間，像是夫妻倆與人共同成立的非營利組織「豐足環境」（The Abundance Setting），就是為了支持業內的在職母親。我在餐廳蹲點的那一周，就有一位替該組織管理社群媒體的巴西裔女志工，在備餐日時在廚房裡跟進跟出。貝芙莉邀請她來，希望能幫助她克服在高檔餐廳工作的恐懼。為了支持另一個組織的使命，貝芙莉親自為非營利餐廳「鼓勵廚房」（Inspiration Kitchens）供餐；她跟潔西卡還會把每周第一次開會的部分時間撥出來，確保CSA（社群支持農業，community-supported agriculture）已經安排好配送六位生活窘迫的母親。餐廳本身也在一些小地方展現兩位主廚兼業主的進步世界觀；比方說，廁所沒有分性別，反而是分別在一間的門上標記「馬桶二」，另一間門上標記「小便斗一，馬桶一」。

努莎職涯中顯然有不少辭退與辭職，她把原因歸諸於產業的運作：「服務業不管是哪個工作，人家幾乎都當你是個屁」，她的語速快了起來，語調帶著無情的挖苦。「老闆當你是屁，客人當你是屁，〈心理預設〉你活該忍受剝削，**而且**你應該對此感恩。假如客人像『幹。我討厭你。〈小費〉給零元』這樣對你，你也要對他們堆笑，說『感謝您的光臨！祝您愉快！』」

她說，以前工作時，總是會有各種性別與肢體上的騷擾、攻擊或剝削，而主管覺得顧客的影射、說教——和他們的羞辱——她都該吞下去。不過，只要她是在自己喜歡的餐廳工作（而她**很愛**緣滿），就能得心應手。

「我覺得重點在於注重細節」，她說，「多工處理的同時還要有組織，對於接下來要做的每一步都清清楚楚，而且想到的時候不會被壓垮。」她得心應手。她期許自己能更有耐心，希望不會因為難搞的客人而情緒力耗竭，但有時候看到哪一桌客人不開心，她還是會有看好戲的好心情。

努莎打算留在自己選的行業裡。她想往上爬，但不想當老闆。她有想過，但結論是休息、個人目標和睡覺對她來說更重要，當餐廳老闆的話，一天二十四小時都得投入，她深深覺得（沒錯）不可能。恰好相反，她很寶貝下了班就能把工作水龍頭關起來的這種自由：「我來上班，值班，下班，腦海沒有工作。爽。」

努莎把第十二桌的點菜單拿去給廚房，交給泰麗，泰麗視線掃過，瀏覽有沒有任何註記。泰麗晚上大部分時間都負責品管控菜（expediter）的任務。她要指示、指揮、管理廚師及其成品，並且扮演廚房與用餐區之間的溝通管道。品管控菜肩負食物品質與塔台指揮的任務，要對廚旅（*brigade*）*喊單，注意成員的回應（核實），然後追蹤與指揮（就像交響樂）每一道菜的進度，還要在每一個碗盤離開出餐台，交由侍者端到正確的餐桌之前檢查過一遍。喊單是第一步，接下來叫菜人會不停與用餐區團隊溝通，評估每一桌客人的每一道菜吃到哪邊，並指示廚師「下」（fire，完成）下一道菜，這樣客人打算吃的時候，就可以上菜了。由於職責要求，控菜必須憑藉經驗與直覺，重重過濾視覺與口語資訊，然後替廚師總結成簡單、直接的指令：

「下兩份開胃菜」，泰麗喊單的時候，還是用傳統的叫法稱呼小點心。

「兩份開胃菜」，答應的是珍娜．科爾（Jenna Cole），也就是前面提到的那位不停在生菜沙拉（crudité）、麵包與奶油之間飛梭的年輕女性。珍娜二十三歲，是團隊裡最年輕的成員，高個圓臉，跨著大步，姿勢精準。她的崗位在側邊工作台的底端，有個小洗手槽，拐個彎就是客人視線看不到的第二廚房。珍娜打理「*garmo*」，很口語，但不是這間餐廳獨有的講法——*garmo* 指的是「食品儲藏區」（garde manger），傳統上代表負責沙拉與冷盤的崗位。緣滿的 *garmo* 出的是開啟每一套餐的那兩口分量的小點，以及事先準備每周菜單上出現的湯品、麵包與手作奶油，還有配乳酪盤。因此，她的崗位擺了一台秤、一塊砧板，還有一只亮銀色的茶壺擺在獨立電磁爐上，而電磁爐看起來就跟銀色的 MacBook Air 一樣薄。

緣滿這類提供「品嘗菜單」的餐廳，偏好上述這種喊單、答應的廚房溝通模式。由

* 傳統上用來稱呼廚房團隊的法文字。

於每一桌的客人上菜的順序都已預定，控菜品管只需要按照類別喊單，加上前述提到的一些可能的微調就好——今晚的話，牛肉清湯這一道可以改成素的焦糖洋蔥湯；魚料理的部分，會備好一塊烘烤過的尖頭甘藍（Caraflex）取代鱈魚；紅肉料理則是改成牛肝菌菇，廚師會用蔬果刀尖在上面輕輕畫出切痕，烘烤，淋上奶油，補上沒有牛肉所缺少的油脂。另外還有加點的乳酪盤，在紅肉跟間奏（前甜點）之間上，要價十五美元；還可以再加十五美金，加點一杯猶漢葡萄酒莊園（Johan Vineyards）的二〇一四年比斯頓夏多內（Visdom Chardonnay），來搭配乳酪盤。

對於每一桌客人菜色的進度，以及備餐的狀況，每家餐廳都有自己一套追蹤方式。緣滿用檢查表來監控進度，像是廚房裡活生生的樂譜，隨著每晚的情況在上面譜曲。檢查表就是簡單的表格，畫在八吋半乘十一吋的紙上，橫向列印，不同的色塊由左往右排（就是水平方向）。由於緣滿菜單結構都一樣，所以每周菜色不同，但檢查表格式不變。最上面的橫列寫著菜名，最左邊的一欄寫桌號，最右邊有一格用來註記。出菜品管每喊了哪一桌的哪一道菜，就會在那道菜的格子上畫一條對角線。那道菜離開出餐台，品管就再畫一條對角線，變成叉叉，代表菜進入歷史。直到最後一桌的最後一道甜點打上叉叉之後，夜班就告一段落。

表單的存在與核實讓叫菜流程保持順暢，但一定要有人顧，重要性就像「核足球」（nuclear football）——美國總統遙控授權發動核攻擊的裝置。顧的人沒有特別指派，不過在泰麗講電話，或者替甜點擺盤時（畢竟餐廳目前沒有甜點師傅），廚房與用餐區團隊有少數成員是可以替她喊單的。貝芙莉與強尼的話是理所當然，總經理潔西卡也可以；另外有降落傘的總經理荷西．比利亞羅沃斯（José Villalobos，年紀奔三，墨西哥出生，芝加哥長大），為了化新冠疫情為轉機，他管的地方現在正在翻

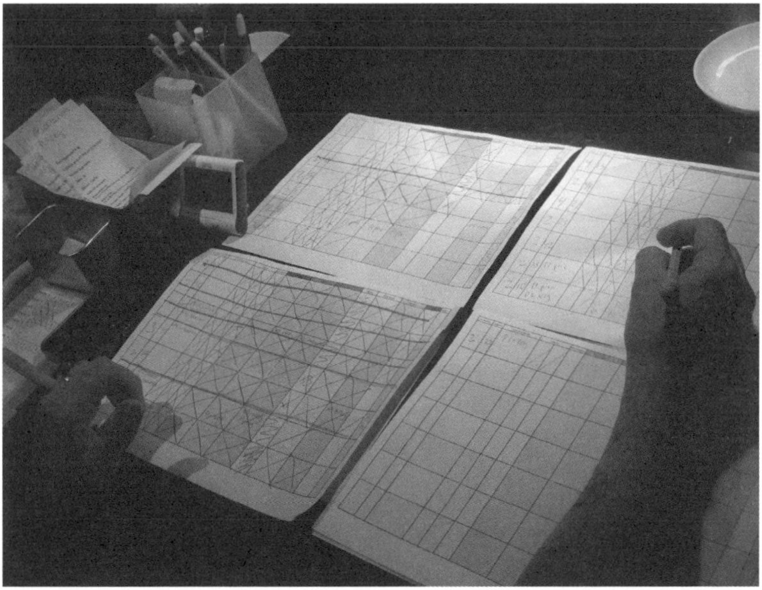

緣滿的檢查表也許超級土法煉鋼，但絕不會卡卡，也不會當機。

修，於是他暫時調來緣滿，主要負責侍餐；另外還有一兩個侍者也都可以。他們都是資格充分的司令塔。（不會有一個主官口頭把舵交給另一個主官的情況，只要資深的職員注意到泰麗暫離，就會自動補上，彷彿水往低處流般自然。）

有些地方的廚房出餐台上會有特別的架子或地方放點單，但緣滿沒有，而是把點單集中在一個小不鏽鋼方盒裡，有疑問的時候才參考。（出餐台上倒是有其他東西隨時可拿，像是塞滿文具的塑膠杯，還有盒子放生日蠟燭與打火機，給生日甜點用。）檢查表上的註記用鉛筆寫，方便修改。忙的時候，檢查表會有兩三張；現在的話有**四張**，二成二排列。品管會拿粗麥克筆畫橫線，把餐點進度差不多的幾桌畫在一群，讓廚房可以合併處理，也讓多名侍者能同時把餐點端給一桌以上的客人。因此雖然感覺上像是用餐區每一桌都有自己的進度表，但就算在來客數上看百人的晚上，廚房在特定時刻也「只有」同時準備幾批單。

表單上的最後一道菜寫的是「MADS」，瑪德蓮（madeleines）的簡稱，這是一種橢圓形的小海綿蛋糕，通常是溫熱上桌，往往帶有檸檬清香。但這家餐廳沒有出瑪德蓮，至少不會每星期。他們用這個字來暱稱餐後小點（mignardises）或烤點（petits fours）——這種一口大小的甜點，就像設置在每一餐最後的按鈕，按下去，讓結帳更順暢——早幾個版的檢查表中打了這個暱稱，後來就沒有改了。*今晚的最後一口，是安第斯（Andes）薄荷巧克力大小的牛軋糖。

當準備要「下」開胃菜之後的一道道菜時，泰麗就會對魯本．湯明林（Reuben Tomlins，精心修剪捲髮的二廚）與湯瑪斯．赫倫澤（Thomas Hollensed，留鬍子的副主廚，也是第二把交椅）喊單。但二人組不會等到這時候才開始備料：只要泰麗替任何一桌叫兩樣小點，整個團隊都會注意到有新單。雖說每一次泰麗在喊要完成開胃菜時，接收指令的人嚴格來說只有珍娜，但她這一喊也等於推倒了七片骨牌中的第一片，最後完成整套餐點的每一道菜的每一個步驟，都從此時開始轉動。用餐區團隊會在營業開始前提供晚上的訂位資訊，湯瑪斯得到資訊後，會在自己崗位的磁磚牆上貼一張單子，列出訂位時間與一行人的人數。這張單子讓他多少能未卜先知：他可以預見尖峰期的降臨、提前知道會有空檔出現讓他能整理自己的工作台，或者單純喘口氣偷喝一大口水，抑或是跑

---

* 許多餐廳都會有一兩個這種巧合，甚至更多：影響深遠的美國餐廳「雞油菌」（Chanterelle）在經營的整整二十九個年頭裡，廚房都用「堅果」（nuts）來稱呼「開胃菜」，這是因為第一年有侍者搞不懂每一餐前面的這種廚房「招待」是什麼意思。大衛．沃圖克（David Waltuck）的說明是，「你就想你剛到酒吧，會有堅果招待」——於是家規就這樣誕生了。

廁所。（參考訂位單並非習慣作法，而是廚師個人挑來或是發展出來的秘訣，幫助自己保持最佳狀態。）

所以對湯瑪斯來說，喊了開胃菜，等於是做各桌後三道鹹點的起跑信號。緣滿出餐時間很穩定——二〇二一年七月我蹲點觀察的那一周，每一個我有計時的套餐，無論是相當悠閒的星期二，還是現在這個快要擠爆的周六夜，小點都會在侍者把相應的點菜單交給廚房之後大約十分鐘做好，而乾式熟成前腰脊肉佐番茄與酸模——最後一道鹹點——則會在幾乎剛好七十五分鐘後送到。

湯瑪斯在替我們的餐點備料時，首要之務是從冰箱中取出足分量的紅肉，讓肉能在烹調之前升到室溫。拿紅肉的時候，他也會同時拿出按分量切好的魚柳，然後在這兩種肉上滴幾滴橄欖油，灑大把的鹽來調味。確保這些肉品核心溫度不是冷的，就是成功的第一步。如果核心溫度太低就開始料理，一定會煮太熟。以切成大塊的紅肉來說，等到核心溫度達到華氏一一八度的目標時，整塊肉都會變硬，而且最外層會難咬到難以下嚥。肉的熟度要用爐用探針溫度計來監測；溫度計的數據會經由細電線的傳輸，顯示在拉到台子上的方形小型電子顯示器。想要如專業人士般烹調牛肉（或者任何肉類），一定要謹慎注意，還要一點信心：一定要控溫，加熱到比期望的最終溫度稍低，然後讓肉在爐外靜置，傳導熱——肉塊帶有的、能繼續烹調過程的餘溫——就能輕鬆讓肉達到目標的熟度。（想像一架噴射機在航程中大部分時間以四引擎推進，然後關閉引擎，滑翔降落的感覺。）熟度與溫度剛好的時間相當寶貴，只會維持一兩分鐘。熱食區的主要任務之一，就是把肉跟其他配菜擺盤，每樣都要達到理想溫度，讓侍者能在這個時間窗口內端去給指定桌的客人。不只食材溫度要正確：菜快要做好的時候，魯本要低身把所需數量的碗盤擺到火爐下面的矮烤箱，在盛放餐點前先行溫熱。假如廚師沒有運動、伸展、穿對鞋子、用腳部而不是用背部肌肉發力，這種重複性的任務做久了，身體會吃不消。（魯本的話就不用擔心了，他強健的體格與橡膠般的柔韌度，讓人想起蜘蛛人。）這個禮拜的燕麥料理需要溫碗，魚與紅肉則需要溫盤。這周的前幾天，魯本有一次在溫碗盤的時候一次疊了三四個，等到強尼（當時正暫時負責品管叫菜）指示他在疊碗盤的時候只能疊兩個，不然中間加溫的速度會不一樣。此後，魯本跟湯瑪斯在溫碗盤的時候，除了用矮烤箱以外，連電熱明爐（salamander，一種裝在爐台上方牆面的明烤箱）都用上了，如果碰上別無選擇的情況時，還會在工作台上用手持式丙烷烤布蕾噴槍。加州名廚大衛．金區（David Kinch）曾認為，把烹調的功夫濃縮後，提煉出的結論就是要精通「加熱」與「蒸發」，就像在製作瓷器般對待食物。

面對現實總是很棘手，就像人終有一死，就像在我們的意識底下，還有顆大腦讓整個人得以運作，就像我們多數人最想吃、覺得最美味的蛋白質，是來自動物。我們都曉得，但就是不願把線索串起來，這樣就能享用鮮美的多佛鰈魚（Dover sole）魚排、油亮的烤雞、滋滋作響的前腰脊肉牛排，而不會心生罪惡或作嘔。如果不是專業廚師，很容易就能把跟這些食材相關的不舒服的現實拋諸腦後，畢竟你只會接觸處理到最後一步的肉品。就算菜燒得再好，大部分在家煮飯的人還是買超市肉品區冷凍櫃上整整齊齊擺著的、放完血的肉，而不是跟屠宰場買，當然更不會整隻自己屠宰。

我想到這些的時候，人正在斯萊格家族農場（Slagel Family Farm，緣滿跟他們買前腰脊肉）的屠宰間看工人拿一根雙叉電擊棍電在小羊的眉心，揮出一記擊倒的電擊，瞬間就把這頭動物放倒在水泥地上，失去知覺。工人接著拿小刀沿著牠的喉嚨劃一圈，刀鋒深度穿透皮膚，汩汩放出一道深紅色的瀑布，推動瀑布流動的是動物那顆仍在跳動的心臟，加快了死亡的過程。下一步，工人會把動物單腳吊起來，借用重力來加速其死亡。總得有人幹髒活，而這髒活的恐怖無可否認。吃葷的人都該感謝這些人。接下來的恐怖程度甚至更上一層樓：借助束帶的幫助，工人把小羊——現在稱為屠體才正確——吊起來擺到兩具支架（鋸木架）上，拿一根管子插進其中一條腿脛骨與蹄的交接處，把空氣打進屠體，讓屠體活像遊行的氣球一樣鼓，方便剝皮。

「要是我能撐到那步，算表現不錯吧？」我問今天的嚮導，路易斯姜．斯萊格（LouisJohn Slagel）。三十多歲的路易斯姜是很精明的業主，是斯萊格家族農場這一代的掌舵者。他從自家肉鋪帶我到屠宰間之前，先轉頭斜了我一眼，一臉壞笑，「你不會昏倒在我身上吧，蛤？」

「我是說，我讀過**烹飪學校**」，我給自己壯膽，盡可能不漏氣。「我可是看過動物的**分肉**。」

結果，相較於三兩下就奪取性命、剝去同為哺乳類動物的皮，然後挖出臭烘烘的內臟，分切肉品簡直跟迪士尼電影一樣和諧。（我以前從來沒想過身體這麼厲害，能封住器官、血液與排泄物令人作嘔的臭味，這些黏呼呼的東西維繫著生命，而我們的大腦寧可假裝事不關己。後來好幾個星期，我鼻子裡都是屠宰間裡那種血肉開花的味道。）

路易斯姜沒有對我提到這些；他只是點頭表示肯定。不過，他的這個肢體動作隱約帶有一絲揶揄，感覺得到他對這種城市人的膨風抱持懷疑，卻不明說，讓我要否認也說得過去。

到他點頭的這一刻，我們大概相處了有一個小時。跟路易斯姜敲時間，是在強尼與貝芙莉的牽線下，一連串信件往來的結果。這並不奇怪，農牧業與食品業工時很長，可以理解他們傾向避免不必要的社交。我前一晚再度寫信提醒他我們有約，但沒有收到回信。反正，當天我就先開了兩小時車，從芝加哥往南走州際公路 I-294 接 I-55，最後沿著伊利諾州四十七線（Route 47），筆直穿過左右兩側延伸到天邊的牧草地，一直開到福雷斯特（Forrest）路段，公路在此短暫改名為中央路（Center Street）。我在中央路與喀拉克街（Krack）路口轉彎，接到一處規模不大的老式休息站商店街前方的停車格，停在斯萊格家的肉舖外，然後檢查我 iPhone 上有沒有信。

「嗯好喔」，這是他對前一晚落落長的信的回覆。「但我身上牲畜的味道可能很重。抱歉。」後面接著做鬼臉的表情符號。

就這麼剛好，我看完信，店門就開了，有個穿黑 T-shirt、儀容整齊的男子邁步走出來。感覺他只用了一微秒，就從他的店走到我車旁，伸出手。

他一面握手（很有手勁），一面自我介紹——「路易斯姜」。黑色山羊鬍上掛著他的笑容。

幾分鐘後，我們站在他家肉舖後場，我的口袋型錄音筆擺在不鏽鋼工作台上。路易斯姜就像那種在自己的產業招待過夠多記者與顧客的業主，他直接打開話匣子，開始滔滔不絕。

相對來說，斯萊格家族農場是小型的家族產業，位於芝加哥西南方大約一百英哩，地屬伊利諾州李文斯頓郡（Livingston County）的福雷斯特鎮，人口（二〇二〇年）約一千人。根據鎮上的網站，「『福雷斯特』之名是為紀念紐約市的福雷斯特先生（Mr. Forrest），他是福羅斯特先生（Mr. Frost）的合夥人，而後者則是T．P．W．鐵路公司（T.P.W. Railroad）於一八九〇年合併成立時的總裁。」網站上寫這是出自一人之口的福雷斯特口述史，受訪者名叫喬治．雷克斯．克拉克（George Rex Clarke），他接受《福雷斯特新聞報》（*The Forrest News*）訪問時已是一位上了年紀的鐵路員工，報導則是在半個世紀前的一九七二年八月十一日登載。

嚴格來說，斯萊格家族農場是從事畜肉、禽肉、蛋類加工與銷售的商業實體，顧客幾乎都是中西區的餐廳。假如你有在芝加哥都會區的餐廳點過牛肉、豬肉、小羊肉、山羊肉、雞肉、鴨肉、兔肉、火雞肉、雞蛋或鴨蛋，搞不好會吃過斯萊格家的產品。

尋常觀察家與多數的顧客以為斯萊格家族農場是一條龍經營，從農場到屠宰、分切、包裝、運往餐廳的卸貨區，全包了。但在法律現實中，這家企業是向少數獨立經營的家庭農場買牲口，只不過這些農場的業主全都是斯萊格大家族的一分子。斯萊格家族五代都是農牧民（想必還會繼續），家族中有半數（也就是六家人）參與家族事業，他們的住家與農場通常屬於同一產權，四散在周圍的平原上。

假如你是個城裡俗，沒那種興趣或好奇心去出城冒個險，那告訴你：以你家附近星巴克為中心，方圓一百英哩之內的城鎮與村落，就跟你放假時去玩的觀光牧場，或是你高中時讀史坦貝克（Steinbeck）小說裡描寫的聚落一樣鄉下。但還是有其他不同：芝加哥就跟美國東西岸的其他大城市一樣偏自由派；二〇二〇年總統大選過後都超過六個月了，商店門窗上居然還貼著拜登與賀錦麗搭檔的競選海報；儘管地方上沒有口罩令，許多市民還是選擇戴口罩，連出門也不例外。在福雷斯特，看不到什麼民眾對疫情讓步的跡象，周邊一些農舍的前院還留著川普的宣傳物。

福雷斯特鎮中心是中央路跟喀拉克街的交叉口。中央路走南北向，喀拉克街（以鎮上的初代開荒者為名）則是東西向。斯萊格家族農場有對外營業的部分，則是沿著喀拉克街，分為三處主要設施：西喀拉克街的加工與包裝廠、隔著中央路的屠宰間，以及位於一整排獨立店面當中的肉舖——斯萊格家族肉品（Slagel Family Meats），距離路易斯姜的曾曾祖父在一八八八年安家落戶的地方只有一英哩。從一八八八年到現在的這一百三十四年間，斯萊格家都有人賣牲口給求精鮮肉（Excel Fresh Meats）與泰森鮮肉（Tyson Fresh Meats）等大規模供肉商。情況在二〇〇〇年中期有了轉變，路易斯姜在此時把公司的目光導向餐飲業，他嗅到一絲機會，自認能把優質的商品行銷過去。

路易斯姜認為自己的肉品飼養哲學，起源於高中時作為全國ＦＦＡ組織（National FFA Organization）成員參加學校比賽的經驗。根據網站上的文字，ＦＦＡ旨在「幫助學生做好準備，開展亮麗職涯，在全球農業、糧食、纖維與自然資源體系中做出明智的選擇。」（ＦＦＡ本來是美國未來農民〔Future Farmers of America〕的縮寫，但後來為了反映組織日益擴大的宗旨，於是在一九八八年改為現名，其中只留下ＦＦＡ的縮寫。）比賽的內容是讓學生挑戰僅憑看的方式來分辨五十種不同部位的肉，指出肉來自哪一品種，是量販店分切肉還是零售店分切肉，還要幫同一種部位的肉從最好的等級（極佳級〔prime〕）排到最差的等級（製罐級〔canner〕）。路易斯姜就讀裘利埃特短期大學（Joliet Junior College），全國歷史最悠久的社區大學，主修農業生產。兩個學年的課程涵蓋遺傳學、種子、營養，甚至還有一點行銷入門課。其中一門課的考試是考學生在牲畜屠宰前一天先為其肉評等，然後在屠宰隔日再到冷藏室評等一次。這種前後練習讓路易斯姜靈光乍現：「這些測驗讓我開始想，我不只是在養牲畜，」他說，「我養的是**肉**。人家畜牧業者大部分都在養動物，他們只會從這個方向思考。我在想的則是，等到成品出爐，**嘗起來味道**怎麼樣。」

以豬肉為例，路易斯姜說：「我把重點擺在怎麼樣讓肉品保持優質，油花漂亮，ＰＨ*數字漂亮，口感也一致。」斯萊格家代代都養豬，他們家的飼養模式堪稱是達爾文進化論的改版：最好吃者生存，其身上會帶有能夠誕生出最鮮美豬肉的ＤＮＡ，透過雌種豬（gilts）一代又一代的遺傳——簡直是豬版的老麵。

路易斯姜在十三個小孩當中排行第四（六女七男）。按照當地傳統，假如某一輩人退休時農場還能繼續經營，幼子可以優先拒絕繼承。路易斯姜的父親還不到退休年紀，而路易斯姜在二〇〇六年畢業時也不是頭號繼承人。因此，他有兩條明顯的路可選：找一份跟斯萊格家族沒有關係的全職工作，不然就是擴大經營，創造足夠的補充收入來養活自己家人，或者還有幾個手足的家庭，作法則是挑特定的品種圈養，開設工廠。路易斯姜的父親在一九七〇年代繼承家業，做了一點改變，但拒絕朝圈養、人工授精，乃至於利潤導向、重量不重質的現代技術去發展，認為這會傷害自家農場卓著的商譽。

二〇〇七年，路易斯姜出乎意料地從上一任業主手中接下了這家肉舖。這筆交易催化了斯萊格家族農場的轉型，走向目前以直供餐飲業為導向的新一代。肉舖的名字本來叫福雷斯特肉品（Forrest Meats），做本地生意，客戶群頂多讓損益兩平，現在有機會更上一層樓也不錯。二〇〇八年，新婚的路易斯姜準備獨立成家，他心裡琢磨計畫，打算讓斯萊格成為大城市餐廳的首選供應商，藉此大幅拓展客群與收入。

他抓起《芝加哥》（*Chicago*）雜誌，手裡拿著黃色螢光筆，鑽研起封底刊登的餐廳短評，把每一篇出現含有讚美的時髦用語，例如**在地**、**天然**、和／或**有機**的文字統統畫起來。接著他打電話去推銷，談自家農場的歷史與預計展開的轉型，並希望有機會見面自我介紹，留個樣品。雖然他對芝加哥和城裡的大廚師來說就是個陌生人，但路易斯姜第一天就遇到貴人，與芝加哥的餐廳主廚兼業主保羅．卡恩（Paul Kahan）會面。卡恩是期會餐飲集團（One Off Hospitality Group）的重要人物，是芝加哥受法式料理影響的新美式（New American）經典餐廳如芝加哥西環（West Loop）的黑鳥餐廳（Blackbird，二〇二〇年歇業），以及集團第二次嘗試——從酒吧轉為餐廳的「avec」的幕後推手。時勢造英雄：卡恩正好計畫在幾個月後開設一家無肉不歡的新餐廳，「酒館老闆」（The

---

＊ 對於肉類與其他食品來說，PH值是酸度的量化，而酸度對味道以及病原菌成長的可能性影響很大。

Publican）。

「幾星期之內，我們就開始為酒館老闆的品嘗菜單提供產品，此後雙方一直合作愉快」，路易斯姜如是說。

接著一傳十，十傳百，一些主廚有心想讓路易斯姜與同行搭上線，這樣他們的肉品供應商新寵就能長久經營下去。斯萊格很快就發展出地區性的餐廳業顧客網路，以芝加哥都會區為中心，零星幾個顧客離得比較遠，有到聖路易（St. Louis）、香檳（Champaign）與史普林菲爾德（Springfield）。

農場主人可以設定生意目標，但機會往往隨機出現，也無法強求。史蒂芬妮・伊扎德（Stephanie Izard）是《頂尖主廚大對決》第四季冠軍，也是芝加哥餐廳「妹子與山羊」（Girl & the Goat）與其旗下事業的主廚（都掛了同樣的山羊名字，只是冠上芝加哥和洛杉磯的城市名）。路易斯姜跟伊扎德搭上線的時候，伊扎德問他手邊有沒有哪個部位的肉得銷出去。（減少浪費就等於更多利潤，這一點對農場、牧場與餐廳都是一樣的。）路易斯姜一直都有能力取下豬頰肉，但以前他的生意總是沒有充分發揮豬頭上這塊高品質部位的價值。路易斯姜報給她優惠價，而她想出來的新菜，**木柴烤爐豬頰肉**（Wood Oven Roasted Pig Face）——把豬頰肉取下之後用香草調味，捲起來燉煮後切片，送進木柴烤爐——立刻成為必點與暢銷菜色。

「如果我遇到某個吃過『妹子與山羊』的人，他們多半都吃過那道菜」，路易斯姜說。「但這其實只是『你想脫手什麼？』的結果。」

主廚的褒獎常常引發連鎖反應。夜木餐廳（Nightwood）停業時，主廚傑森・文森（Jason Vincent）開始規劃目前開在洛根廣場（Logan Square）的知名餐廳——明明店面大小像哈比人的洞窟，卻厚臉皮地取名叫「巨人」（Giant）。文森參觀斯萊格家的營運，他告訴路易斯姜，自己有意購買牛肉、豬肉、小羊肉跟蛋。他還請路易斯姜開始養雞，估計自己每星期需要大概一百隻。這就像撿到錢：文森不曉得，斯萊格家多年來養雞自用，這下子路易斯姜的弟妹們就有現成的收入機會了。由於後來這位主廚的預估比實際需求多了四十隻雞，路易斯姜當然會把多出來的雞供應給其他主廚。一下子整體需求就上升到每星期一千隻雞。

由於太多牲畜交錯分布在這一區域，很難算出來斯萊格家族在特定時間點全部到底養了多少動物，不過這可以從每星期他們屠宰多少隻來回推。比方說，路易斯姜推測每星期宰殺三十頭豬，代表從幼崽到品種豬統統加起來，整個家族養的豬介於一千頭到一千兩百頭之間。

「做個比較，路那頭的傢伙有**五千頭到一萬頭**母豬」，路易斯姜說。（農民通常會設定比較的基準，有跟自己規模差不多的，也有看不到人家車尾燈的。前者會說是「這邊（over here）的那個傢伙」，後者則是「那邊（down there）的那個傢伙」。）「我沒有要批評人家作法的意思，但他是商業型經營農場……我們規模差異很大。」話雖如此，斯萊格的事業**確實**很大，足以迅速因應顧客臨時加訂幾百、幾千磅肉的能力。

斯萊格網站上列出的買主超過百家。這種人際網路構成斯萊格的附帶收益。路易斯姜漸漸成為各種售票與

路易斯姜・斯萊格與他的屠宰、包裝團隊。

非公開「饕客」活動的受邀嘉賓。在接觸了各種概念的料理饗宴、餐廳親友日（friends-and-family）*的試營運後，讓他的烹飪生活日益豐富。結果路易斯姜熟能生巧，在家下廚時也開始從自己蒐藏的食譜裡挑一道餐廳風格的菜來燒。例如我來訪的前幾天晚上，他就為弟弟與弟媳端出鴨肉佐濃縮果醬汁。這跟他孩提時吃的家庭菜大相逕庭，以前家裡吃的是燉牛肉、烤馬鈴薯等美式家常菜，還有他媽媽每年秋天做的蘋果醬，以及自家菜園的青菜。

「我從沒想過星期天晚上能做煎鴨胸大餐給家人吃」，路易斯姜說。「我太太說我們現在已經是自豪的吃貨了。」

---

* 親友大餐（friends-and-family dinners）是財力足夠的餐廳推出的試營運方式。從名字多少可以看出來，業主、經理與主廚的親朋好友可以免費享用大餐，但要提供回饋意見，讓廚房與用餐區團隊有機會在付錢的客人與美食評論家造訪之前，先找出薄弱環節。

時間倒回五月，替我們在緣滿那道菜提供前腰脊肉的那頭牛，白天時就在鑲著白邊的紅色牛舍內的遮蔭區，與牛舍延伸出的露天空地（牛圈範圍裡）來回自由走動。這座牛舍就位在路易斯姜於二〇〇七年買下的農場前方，差不多就在他接下肉舖的時候。後面則是他與妻子和六個年幼的小孩住的房子。買下來之後，他重建、改建了大部分的農舍結構，並且在前任業主（孩子不願意繼承農舍）沒有使用的建物內建置設備。他就在這裡飼養牛、豬、鴨與蛋雞，做著跟兄弟姊妹以及周遭親戚一樣的工作。我們走過這片土地——異常泥濘，因為我來訪的前一天下過大雨——迎面而來的是動物發出的聲音，吵雜聲彷彿不和諧的交響樂，換做有塊地的王老先生來聽肯定會倍感親切。

路易斯姜大方承認，此情此景跟今日進步農業的浪漫幻想有很大的鴻溝。每一樣東西都是純粹出於實用，從乾草棚、水泥食槽（類似飼料槽的長型結構體）到飼料間，毫無粉飾。甚至還有一座好幾呎高的糞肥就光明正大堆著。

牲口也不會在無邊的綠草地上漫步吃草。打個比方，假如路易斯姜是在雨量豐沛、氣候溫和的愛爾蘭經營事業，他也許就會草飼。但在伊利諾州南部，夏天極為炎熱乾燥——我拜訪的這一天，所有牛兒都選擇賴在相對涼爽的牛棚裡——冬天則是零度以下，牲口難免有半年得吃乾草。所以，路易斯姜餵牠們吃的是用有機苜蓿、燕麥莖、黑麥草，以及其他自家種植、綑紮的穀類莖幹。（他對草飼牛的高含水量也很不屑，但這是後話。）

這種規模的牲口數量不難照顧；路易斯姜說，要不是因為還有生意要顧，他自己就能照養自己的牲口。既然工作日的時候很難在自家農場出現，他就雇了一名全職工人負責照料與餵養，如果他自己人在農場，那工人就到工作間修繕設備與車輛。需要幫手的時候，他的母親、弟弟都會跳下來支援，偶而連鄰居小孩也會湊一腳。

在經過屠宰與分切之後，
我們那道菜的前腰脊肉要先在這間控溫室裡熟成。

路易斯姜分享愈多，他的生意頭腦就愈明顯：大概六年前，他帶頭踏出必要的一步，獲得有機認證標章——不是因為什麼了不起的責任感，而是因為有望提升收入。在經營營造業的兄弟幫忙之下，他在自己的土地上蓋了舉辦活動用的空間，並獲得經營餐廳的許可證，迅速發展成讓芝加哥地區的主廚可以用斯萊格家的產品為買票進場的客人提供晚餐的場所。他開始生產一系列的冷凍寵物食品，每份兩磅。對了，他還買下了生產設施隔壁的餐廳空間，一開始只是想避免跟鄰居起衝突的可能性，但後來卻開了一家咖啡與漢堡概念店。他有個兄弟在墨西哥一所育幼院工作，店裡的咖啡豆就是對方寄的；至於漢堡，上面則加了精緻的配料。但本地客人不願意為一份漢堡花到十、十一美元。路易斯姜沒有選擇在自己的標準與品味上妥協，而是把餐廳租給以前自己雇用過的廚師。

這家人骨子裡有創業的才幹。路易斯姜算了一下，方圓二十五英哩內，有二十五家企業是斯萊格家的人所擁有與營運，其中包括一家餐廳，一家營建公司，一家廚具行，以及路易斯姜自己的生意。這家人還有政治基因，他有堂親當市長，還有叔叔是學校董事長。

從他巡視時接不停的電話，就能看出他的生意蒸蒸日上。天曉得他帶在左耳的藍芽耳機到了晚上會不會拿下來，因為在白天完全密不可分。大家都在找他——辦公室、他太太、芝加哥的主廚與廚師們。即便進入網路時代，他還是常常親自接訂單與調整需求。他這個人完全反映了他所處的環境，但他講電話的這種習慣，就算場景變成好萊塢人才仲介公司的走廊，也不會突兀。

牛隻長成之後，就會被卡車載到屠宰場的裝卸區，集中看管，對於即將到來的電擊棒渾然不覺。屠宰現場的團隊——瑞奇（Ricky）與赫爾拉多（Gerardo）——將牛隻致昏、宰殺、放血、剝皮，接著在牠們後腿之間固定一根橫桿，吊起來沿自動加工流水線送到內臟切除間取出臟器，然後繼續這段不幸的旅途，送到秤重間秤重。

常駐於秤重間的還有一位美國農業部專門檢查員，國內每一處肉品加工廠，都會有像他這樣的美國聯邦政府雇員。檢查員掌控斯萊格的五碼檢查碼印章，想運到國內任何地方，都少不了這個數字章。（檢查員不用自己在肉上蓋章；他在場的時候，可以授權斯萊格團隊使用蓋印設備，並且放行他們蓋好的每一件肉品。）按照法律，斯萊格農場必須自掏腰包，為檢查員提供現場辦公室與一條固網電話線，檢查員不在場的話，牲口就不能加工。假如官員因故延遲抵達（無論是個人因素還是職業因素），屠宰團隊就得等下去，累積成本，等到他人出現為止。（雖然感覺很麻煩，但原則上路易斯姜相信這套制度，能夠遏止那些罔顧食品安全、想在沒有監督情況下運作的農場。「人性就是貪圖省事」，他說。「但有條子坐鎮，你就快不起來。」）

最後來到冷卻室，這是屠宰場溫度最冷的空間，恆溫器設在華氏二八度。但因為動物本身有餘熱，加上門一直開開關關，溫度通常會擺盪在華氏三二度到四〇度之間。這個溫度稍微高於冰點，目的是在不產生冰晶的情況下讓屠體餘熱消失。

屠體會在冷卻室停留一天，之後或者運回原本的屠宰間（現在幾乎都用作替非斯萊格家的農場做代工加工），或者裝上帶滑軌的卡車，運往斯萊格在鎮上的分切、熟成與包裝廠——前身是關閉已久的牛奶裝瓶廠，路易斯姜買下來的時候，廠房「年久失修，還塞滿垃圾」。卡車抵達後，倒車進入裝卸區，將屠體卸貨。

斯萊格的主要加工間也在福雷斯特鎮上，跟肉舖隔了一個街區，是一座白色的大型建物，跟高中體育館一樣高，裡面吵得跟地獄一樣。風扇吹不停，切肉聲不止，挑高的空間裡有各式各樣的崗位：每個時間點都會有大約十五名工人在包裝、照訂單裝箱、絞肉做牛肉漢堡排，通常都會有為這些專門用途設計的機器幫忙（像是牛肉漢堡排成型機、真空封口機等）。還有一張長桌，是給大概五、六人的團隊用來分切屠體用的。

不過，牛肉不會直接送到這裡來，屠體要先進行四部分切，放到冷藏室熟成（時間可達三星期），然後再從四分體分切出不同的部位（例如沙朗、肋眼、前腰脊肉等），擺在專門冷藏室的不鏽鋼貨架上繼續熟成，最多可達六十天。我們盤子裡那塊前腰脊肉，就是這樣度過最後的兩個月。

主廚們每星期向斯萊格下單。訂單要在星期日晚上送出，路易斯姜會在星期一接單。（跟主廚做生意的人還有一個共通點，就是期限好商量。拒不遷就是沒有用的。）他跟團隊根據過往的訂單模式，提前做大部分的加工，短少的部分再從冷藏室中拉出更多產品，必要時也可以現宰。假如預先做的分量有多，他們則會將之納入當周要送去CSA（社群支持農業）的份額中，分切為不同部位販售，如果是豬肉的話就做成香腸、臘腸與其他熟食。

包裝好之後，肉品會在星期三早上裝上卡車，送到各家餐廳，送貨的也許是路易斯姜自己，也許是另外兩名司機之一。

回到當下，四盎司的斯萊格肉品擺在外面，等待升到室溫，好在烹調時達到準確的熟度。回溫後，湯瑪斯會用自己崗位的煎盤先炙燒牛肉，兩面都煎出微焦外皮，再把肉擺到鐵盤，把溫度計的探針插進肉的中心，然後把盤子滑進烤箱。但眼下，他手上還有接二連三的任務正在執行，靠腎上腺素與肌肉記憶，在晚上的這個時間點履行自己的職責：他檢查烤箱裡五份鱈魚的熟度——不像紅肉，魚肉的熟度不是用溫度計，而是用是否容易分片來判斷（還有一段距離）。他跟魯本詢問前菜的進度——類似燉飯的燕麥，搭配玉米筍、小朵鈕扣雞油菌、古銅茴香與醃蛋黃。「快好了」，魯本一面在出餐台內側比較低的工作台上擺出六個空的淺碗準備裝盤，一面回答湯瑪斯。他跟泰麗確認那五份魚肉預計出餐的時間。（「五到七分鐘」，她回答。）接著他抓起一個平底鍋，裡頭是煸過的雞油菌，然後在魯本開始用湯匙舀燕麥擺進碗中的時候，也跟著把雞油菌放上去。

為了做出這道燕麥料理，魯本要先拿不沾鍋，用奶油煸雞油菌。然後拿另一個平底鍋，把已經煮熟、放冷備餐的燕麥覆熱。每一個碗裡都放了燕麥，接著放雞油菌，再放上酥脆的麴燕麥。[*] 接下來拿漏勺，從深 Lexan 容器裝著的滷水裡撈出一顆自製醃蛋黃，放在碗的正中央，再零星撒上橫切成薄片的生玉米筍，然後是古銅茴香——一種長得像蒔蘿，但帶有濃重甘草味的香草。在這個星期，團隊成員並未單獨負責整個過程（這是強尼的指示），而是在每一次擺盤時，每位成員對每一碗各負責一項材料，才能維持一致性，並確保每一項材料都會出現在料理中。所以，魯本舀完燕麥，換湯瑪斯放雞油菌，然後再換魯本從平底鍋改拿裝麴燕麥的容器把材料撒上去，如此這般。過程中，泰麗注意到幾個碗裡雞油菌的集中度不同，於是把身體探過工作台，拿一把不鏽鋼長鑷子，從其中分量特別多的一碗裡夾出來，放到其他碗裡。[**]

同時，珍娜也開始為第十二桌的小點擺盤。只要她注意到大陣仗開始了，就會跨刀來熱食區幫忙，拿起放古銅茴香的小方盤（底下擺了紙巾，用來吸收水氣），幫尚未完成的燕麥料理整理頂上的細葉。珍娜不是熱食區的成員，但她不時會貢獻己力，幫同事

---

[*] 麴是傳統日本醃漬與調味用的發酵物，通常會加在煮過的穀類中。

[**] 怕你沒看過馬丁．史柯西斯（Martin Scorsese）的《賭國風雲》（*Casino*），電影裡有一幕拍藍莓馬芬，你看過的話會對泰麗的舉動特別有共鳴。

節省幾秒時間。在繁忙的出餐期間幾秒幾秒加起來，是可以湊成救命的**幾分鐘**的。只要她自己的工作流程有餘裕，她就會來幫魚料理放海蓬子收尾，或是在紅肉料理擺盤時把酸模葉放上前腰脊肉，或是從小平底鍋裡舀醬汁淋在其中一種材料上。

珍娜是天生好手，是緣滿的小神童。幸運的廚房都該有這樣的天才：這位廚師年紀輕、有可塑性，而且有天賦，態度又陽光，更有軍

珍娜・科爾，緣滿廚房團隊年紀最輕的成員，正在準備生菜沙拉。

紀般的職場倫理，大家都覺得她前景看好，很適合待在餐廳廚房環境，在這兒她更上一層樓的機會，就跟濃縮紅酒時的香氣一樣無所不在。新冠疫情最嚴重的時候，各產業的眾多勞工受到刺激，重新評估自己的職涯與人生選擇，進而導致許多員工紛紛出走（所謂的「大離職潮」〔The Great Resignation〕），如此一來，機會也就更多了。由於專業烹飪必定工時長，包含晚班、周末與假日班，收入卻很微薄，附帶價值也很少，甚至根本沒有，因此這種社會劇變對餐飲業界的破壞性衝擊尤其嚴重。對於手巧，有能耐多工、又有熱情的人來說，在餐飲業階梯往上爬的機會來得又多又快，比方說下一班的廚師因為找到別份工作就不來了，或是為了前往哥本哈根做無薪實習（*stage*）*而開溜，或者一覺醒來就不再緊抓著這份工作可以做一輩子的幻想，跑去其他地方涉足可以一圓成家夢的產業，讀書考房地產證照。

就在幾年前，珍娜還是賓州小鎮丹維爾（Danville）孜孜矻矻的高中生。丹維爾位於費城西北方約一百五十英哩，屬於蒙土爾郡（Montour County）。蒙土爾郡貧窮率約

* 短期烹飪工作，通常不支薪，旨在知識、人際的交流與推薦；*stage* 是法文 *stagiaire* 的美式寫法，而 *stagiaire* 指的是從事這種工作的人。

為百分之十，但丹維爾的經濟有蓋辛格醫學中心（Geisinger Medical Center）支撐，令人艷羨。這所醫學中心經營超過一世紀，規模不斷擴張，結果蔓生的建築風格彼此衝突。珍娜的生活彷彿《雙面情人》（*Sliding Doors*），其中一個版本的她不停在申卓利亞（Centralia）附近的幾個鎮打轉。申卓利亞向來是歷史控的寶藏，只是原因很悲劇：一九六二年，礦坑發生的無名火沒有完全撲滅，緩慢燃燒至今，導致當地不適人居。二〇〇二年時，申卓利亞當地有八十六個郵遞區號，而二〇二〇年的人口普查顯示堅持不走的居民只有**五人**。對愛玩滑板的人來說，荒涼的街道簡直是天堂，吸引了珍娜與其他滑板同好；多年來，柏油路因為下方悶燒的熱度而軟化，有時滑板溜過輪子還會壓出印子。

當地經濟有如雲霄飛車，但珍娜與弟弟挺幸運的，父母自己當老闆，因此幾乎不受影響：她的父親是傳承四代的家庭企業、擁有十三家店面的科爾五金行（Cole's Hardware）的業主之一，另一位則是她的叔叔。珍娜的母親是兒童心理師，偶爾也做成人諮商，以前在蓋辛格任職，現在自己開業。雖然診所開在深受貧窮與相關問題困擾的這一帶，但生意好得不得了。

好學的珍娜相當擅長演講與辯論，參加過州賽與全國賽。她對音樂也很投入，在樂團與比賽中演奏低音管。至於運動方面，她喜歡下「盲棋」，也靠自己在練習擊劍（說不定哪天會再次執劍），但對於袋棍球和足球這類團隊運動，她覺得自己的程度會拖累隊友。

即便現在是個屬於料理名人的時代，多數專業廚師的職涯也不是一條直線，在發現或投身於烹飪這條路之前，往往走過一條以上的安穩途徑。這一行幾乎每個人都遇過所謂的「入門契機」——打的第一份洗碗工、備料，抑或是在用餐區當服務生——這樣的契機點燃了內在的廚師魂，讓人第一次嘗到餐廳生涯的滋味，終至不可自拔，無論他們是選擇立刻遵循這樣的慾望，還是暫時離開這個行業。對珍娜來說，這個契機發生於高中時在啤酒與位元網咖餐廳（Brews N Bytes Internet Cafe & Eatery）打工。從「Bytes」這個字可以猜到這家餐廳有提供無線網路，但餐廳名稱的其他部分令人誤會，感覺是提供酒吧食物，實際上卻是提供古巴與多明尼加家常菜，透露出老闆們的文化傳承。這在丹維爾並不常見，而店裡烘培師的背景也很不尋常——在巴塞隆納長大，受歐式烹飪訓練。珍娜一開始負責煮咖啡和當服務生，日子久了，她也在因緣際會之下與自身愛吃的關係，開始進廚房幫忙。這讓她開始參與老闆一家人的供餐工作，由於廚房只有兩人，她經常在缺人手時補上，即便做的只是切三明治和沙拉用的生菜、番茄這種簡單工作。

珍娜的腦中並沒有被食物完全占據，她渴望旅行，在請病假的時候狂看安東尼・波登的《波登不設限》（*No Reservations*），有一年還說服家人掏錢去貝里斯度假。所以在啤酒與位元網咖餐廳打工還有一個額外好處，就是可以透過自己的味蕾來旅行，享用拉丁餡餅（empanadas）與古巴餡餅（pastelitos，包餡的酥皮小點）等點心。雖然境遇相對安穩，但珍娜很排斥小鎮生活。她渴望大城市的脈動，想藏身於人海；由於頂尖的音樂學校多半都在大城市，她因此把音樂當成橋梁。尤其是芝加哥，自從以前因為參加全國高中演辯賽，去過芝加哥之後，她就難以忘懷。她選了位於林肯公園區（Lincoln Park）的帝博大學音樂學院（DePaul University School of Music），攻讀古典樂演奏。就讀音樂學院期間，一場意外結束了她對滑板的熱衷，同時也讓她隱而未顯的、喜歡下廚的體質開始浮現：她拉著自己的低音管硬盒溜滑板，結果一個不穩摔倒，手腕首當其衝。她設法在課堂上匆匆寫完作文，然後衝去急診，在手又腫又脹的情況下硬撐完當天稍晚的排練。

芝加哥讓她有無數的機會，從感官上滿足她隨美食驛動的心。她在華埠和亞皆老街（Argyle Street）櫛比鱗次的越南餐廳狼吞虎嚥，或是在家泡泰式冰奶茶，配散步時買的十磅袋裝古早味華人糖果當點心。

料理魂隨著對音樂的疲乏而甦醒。一天練十小時，把玩音樂的新鮮感消磨光了。

讀完大二，珍娜承認自己已經耗竭。她從音樂學院退學，此後再也沒有打開裝低音管硬盒的扣環。失去目標的陌生感覺隨之而來，讓這位天生勤奮的鬥士相當不快。她偶遇一位同樣中途離開音樂學校的友人，這位朋友曾經讀過芝加哥的肯德爾學院（Kendall College）——美國中西部首屈一指的烹飪學校，並鼓勵她去面試。不到兩個月，她就獲得錄取。學分制讓她可以盡快取得學位，在一年內修完兩學年的課程。雖然她經驗相對不足，但打從一開始她就很享受烹飪學校。為了跟上同學的程度，她晚上會在家練刀工，用洋蔥跟馬鈴薯精進各種切法。「我切了一大堆馬鈴薯」，她大笑，「多到開始做馬鈴薯甜甜圈給室友吃。」她也利用學校的免費課輔，在課堂上展現基本的廚藝，輔導老師會從旁觀察、指導並糾正。這點醒了她，音樂與烹飪之於她，跟她的關係究竟如何：這兩者都少不了反覆作業的天賦與能耐，但音樂的孤獨與苛求讓她不堪負荷，而更能容錯、可以補救、帶有社交性質的烹飪則讓她活力滿點。

肯德爾的教育目標包含實務經驗，要求學生在一年後（珍娜的情況時間比較短）花時間去校外的餐廳實習幾個月。天生驛馬星動的珍娜，搶到人人想要的校外實習機會，到巴塞隆納的現代主義料理餐廳——安格雷（Angle）的廚房實習。她在二〇一九年八月抵達時，這家餐廳擁有米其林一星，等到三個月後她離開時，安格雷已經是米其林二星了。

根據她的描述，在西班牙的時光「說不定是我這輩子最難熬的一段」。對於旋風前往海外轉一圈的美國人來說，她起頭的方式不算不常見：設法從當地（她的話是巴塞隆納）機場找路去雇用自己的地方，考驗著她臨場應變的功夫與膽量。由於高中先修課與在啤酒與位元網咖餐廳工作時學到的西班牙語還過得去，她以為這能替自己降低一點難度，但在這個講加泰隆尼亞語的地方其實幫助不大。她搭錯一班車，遲到好幾個小時，精疲力竭地來到安格雷。安格雷工作人員的慣用語是西班牙語和加泰隆尼亞語的混搭，不停變化，間有來自其他語言的字作為補充（多半是葡萄牙語和祕魯西班牙語），端視當時廚房裡工作的人是誰。她的同事來自五湖四海，可以輕輕鬆鬆乘著這波語言的浪，但她卻迷航其中；許多字詞在她的美國耳朵聽來都差不多，分不清楚，甚至還讓她的西班牙語退步了。

安格雷與其他部分仰賴免費人力的餐廳一樣，為建教生與無薪實習廚師提供最底限度裝修的住居，就位於老闆的另一家餐廳——米其林二星餐廳「AbaC」隔壁的獨棟房子。四名年輕女性（另外三人都講西班牙語）就這麼睡在一間大小與宿舍寢室相仿、冷暖氣壞掉的房間裡，共用兩張行軍床。（珍娜瞠目結舌；她從餐廳的宿舍地址去猜，還以為等著自己的會是一間客房。）廚房工作方面也沒有比較舒服：珍娜頂替的那名女子，在珍娜抵達之後一天就要離開，結果她才接受食品儲藏區的速成訓練，就被丟去跟沙拉碗作伴，在異國土地上供餐。安格雷和緣滿一樣，營運架構都是老歐式：廚師們白天要自己準備好晚上上工時要烹調、組合、與／或擺盤的材料。珍娜早上十點半開工，工作到下午三點，小憩片刻後進廚房準備晚餐供應、烹煮，然後打掃廚房到凌晨。

就像人在水中如果浮不起來，就是滅頂；大概一個月過後，珍娜開始奮力泅進，一部分也得歸功於她的專屬救生員——一位好心的糕點師傅，曾經在佛羅里達州邁阿密的廚房工作期間學了英文。珍娜適應了職員們古怪的行話，也精通了製作菜單上餐點所需要的基本功（例如綠色西班牙冷湯冰淇淋〔green gazpacho ice cream〕，是在供餐時間小批製作，過程中須使用液態氮冷卻，以及將食材晶球化，譬如黑蒜頭泥等材料）。*

珍娜在短期實習期間培養出對珍貴魚貝類的鑑別力，像是牡蠣和亮紅色的長肢似鬚蝦（俗稱西班牙紅蝦），上面還掛著捕撈水域的水珠。但三個月到了之後，對於自己與

* 現代主義料理之父，西班牙主廚費蘭．阿德里亞（Ferran Adrià）將這些技術與手法周知普及，地點就在他那間成為傳奇、如今已經歇業的餐廳「鬥牛犬」（El Bulli），從安格雷往海邊開車大概兩小時能到。

現代主義料理的關係，她的看法是：「我很高興自己有來，也學到很多，但這不是我的菜。」

同年十二月，她返回芝加哥。經過短暫的求職期間後，她從二〇二〇年二月下旬開始在降落傘工作，三個星期後這家餐廳就因為COVID-19而被迫暫停營業。她斷斷續續在小降落傘（Little Parachute，降落傘歇業期間做的短期外賣，供應的餐點偏韓式，像是石鍋拌飯與韓式蓋飯）和緣滿做幫手，等到緣滿在二〇二一年六月重新開放內用，她就加入了團隊。

幾個星期後的這一刻，她正在把古銅茴香撒在燕麥料理上。

湯瑪斯與魯本迅速把在工作台完成的料理擺上出餐台，出餐台彼側的荷西、卡莉．菲利浦斯（Carly Phillips，其中一位侍者）和格里芬．鮑格（Griffin Bulger，端盤助手）已經騰出手來準備送餐。

「其中四碗給第二桌」，泰麗一面告訴荷西，一面完成進度表上第二桌開胃菜欄位的叉叉。「這兩碗給第九桌」，她對卡莉說，然後完成第九桌格子裡的叉叉。荷西與格里芬各拿兩碗，格里芬跟著荷西到他負責的桌。卡莉也拿起她那兩碗，飛快端去第九桌。

珍娜轉身回到工作崗位，繼續把一分鐘前開始弄的、第十二桌的生菜沙拉完成擺盤。看到我在觀察，她以實事求是的口吻說，「我們用的是農場直送的新鮮蔬菜」，彷彿未來的她以主廚的身分，在自己的餐廳對另一位記者說話，「我認為好的蔬菜沙拉就好在這。」

「新鮮」需要有彈性。就拿蔬菜沙拉來說吧，一整個禮拜，這道菜的材料不停在變。一開始是農場直送蘋果的切片，但後來因為供應幾乎告罄，所以今晚變成用柳橙與紫花椰菜、或柳橙與紫色胡蘿蔔，還有檸檬黃瓜（lemon cucumbers）。珍娜把混和了橄欖油與玫瑰花醋的醬料，用噴霧的方式噴在全部的材料上，然後擺上小盤，中間則舀一杓山羊乳優格蒜泥蛋黃醬（aioli，緣滿用這個名字，來稱呼用等比例的優格與烤大蒜做的蛋黃醬）與一點亮綠色的西洋菜油（nasturtium oil）。

生菜沙拉是今晚的小點之一，其二則是醃漬貽貝「捲」——擺在客人面前的是一只小盤，上面擺了冰鎮過的去殼醃貽貝、切絲生大頭菜、香草與紫蘇葉，讓他們DIY。（侍者會提點客人怎麼樣把貽貝、大頭菜和香草擺在紫蘇葉上，然後像塔可餅一樣拿起來吃。）

大概晚上八點二十分，珍娜把第十二桌的生菜沙拉擺上出餐台。

緣滿在菜單上沒有具體列出小點、例湯或麵包與奶油的內容；貝芙莉與強尼希望給客人驚喜——尤其對第一次造訪的客人來說——與附加價值，是廚房的一點心意。

第二章

菜單擬定

Menu Meeting

努莎把生菜沙拉送到第十二桌，簡單向客人說明所用的青菜與調味。接著是貽貝捲，再下來是與麵包、奶油一起送上的例湯。菜單上白紙黑字提到的第一道料理——也就是燕麥「燉飯」（*"risotto"*）*開胃菜——還要大概二十五分鐘才會端過來。

緣滿每一周的菜單，最早會在前一個星期開始醞釀，通常是星期四晚上停止供餐後的一點深夜時間——說得精確一點，是星期五凌晨。吧檯區再過去的院子裡，有好幾張小張的圓咖啡桌，強尼與泰麗會面對面坐在其中一張，桌上擺一瓶葡萄酒，接著開始檢討本星期過後有哪些材料還會有剩，然後複查有哪些偏好的農場在下星期能供貨。由此，兩位主廚對餐點的概念、以及每一道菜的**程序**反覆做推敲，有些會進入試作，並在星期五、六滾動修正，再下訂必要的材料。

讓我們回到前兩個晚上，也就是星期四晚餐供餐完畢之後。時間是星期五凌晨零點半。緣滿餐廳內，洗碗工已經做完工作，廚師也把廚房徹底刷洗過了。來到後院，強尼正在等泰麗加入，一起腦力激盪下星期的菜單。周圍是個寧靜的夏夜，鄉村音樂播放清單從一架戶外喇叭緩緩流瀉。強尼拿起酒杯，啜飲一小口奧地利安朵夫酒莊（Arndorfer，由馬丁·安朵夫〔Martin Arndorfer〕與婚前本姓史坦寧格（Steininger）的安娜·安朵夫〔Anna Arndorfer〕夫妻倆一同經營）的茨威格（Zweigelt）紅酒。貼著白底紅字酒標的這瓶酒，就擺在咖啡桌上。

「一道菜的靈感可以來自四面八方」，強尼對我說。舉例來說，這周前腰脊肉的構想，就是七月中旬貝芙莉跟強尼帶富蘭索瓦出門散步時，貝芙莉突然想到的一段回憶。她想到的是以前做外燴工作時常常出現的搭配：半熟的、中心粉嫩的烤牛里肌肉切片，擺在烤櫻桃番茄上，上面淋上牛肉與番茄湯汁和巴薩米克醋（balsamic vinegar），再撒上新鮮香草碎。這反過來讓強尼想起以前在廚房打短工，也碰過同一種料理的現代變奏，脫水番茄的點子就是從這裡面挑出來的。就在這種你一句我一句的交流中，形成了本周最後一道鹹點的架構。

泰麗的身影從吧檯區浮現，她用手掌托著一只葡萄酒杯，現在供餐已經結束了，壓力解除，她的身體語言相當放鬆。她加入我們，往杯裡倒茨威格，強尼則縱情於牛肉美味的純粹之樂：「我很愛濃濃的牛肉味搭上酸味」，他一邊說，一邊仰頭望向建築物之間的夜空與閃爍的星星。「我不喜歡吃那種加了一大堆有的沒有的料的。我喜歡直接

---

* 嚴格來說，「*risotto*」指的是米飯料理。菜單加上引號，用來表示是以煮燉飯的方式來烹調另一種穀類。

了當。」*

泰麗詳細描述這周做紅肉料理時，料理番茄過程中的反覆試驗：上個星期坐在同一個位置，她提議引出番茄的「鮮味」（umami），但番茄變得太溼潤，就連嘗試使用烤箱後還是如此。到頭來，只要保持番茄的原樣，加以脫水，就能達到理想中的濃郁風味，而且不會有泰麗所謂的「星期天肉汁口感」。星期二，由於前一天無法提前預備（餐廳星期一公休），泰麗把番茄去皮，露出果肉以加快調理的速度，然後橫切，讓心室膠質直接接觸熱源。這麼做能節省時間，但其

強尼與泰麗為下周菜單腦力激盪。

實從星期三之後，客人吃到這道菜的時候，番茄脫水的程度會比星期二稍微少一點。

從任職時間來算，泰麗在緣滿還是個新人，畢竟這家餐廳是一個月前才以恢復全面供餐之姿重新開幕。更有甚者，疫情之前緣滿沒有設行政主廚一職，這是新的職位。貝芙莉與強尼之所以新增此職，是為了讓自己有更多餘裕帶小孩，以及投入其他生意、行善與追求目標。泰麗和他們一起貢獻創意，並管理日常營運與供餐過程。假以時日，強尼與貝芙莉會放手，讓泰麗（接受這份工作前只吃過這家餐廳一次）能更加自主，自己設計菜單。至少計畫是這樣的——隨著時間的推移，這三人組彼此之間，以及與整體餐廳團隊之間一定會起化學作用。

「感覺很像全新開幕」，強尼說。「我們還在建構這家餐廳的願景。」

把降落傘跟緣滿比喻成貝芙莉與強尼的孩子的話，貝芙莉比較偏降落傘，而緣滿則更像強尼，尤其體現出夏多布里昂（Le Châteaubriand）餐廳的影響——好幾年前，強尼曾經在這家巴黎餐廳無薪實習過（細節稍後說明）。貝芙莉對菜單也有影響力，不過星

---

* 這對牛排館以外的餐廳來說有點不尋常。大多數主廚想端出表現力強的料理時，不是那麼喜歡把牛肉設定為主菜，因為牛肉會搶走風采，限縮一道菜的可能性。

期四晚上是由強尼跟泰麗開會構思內容。幸好他們對於飲食的看法能夠相容，一部分是因為謙虛的態度；他們都不想在餐盤上炫技。

「最好的點子都是偶然出現的」，他說。「我們不是要炸裂客人腦袋，也不是要炸裂自己腦袋。只要把口味做對了，其他天外飛來的好玩東西就會出現。」話是這麼說，強尼坦白說自己有時候得遏止衝動，不去用豪賭一把的方式來降低自己的不安全感。「我不能對自己那麼苛刻，給自己那麼多壓力」，他說。

接下來，強尼與泰麗開始了下星期菜單的第一次構思會議。此時正是這家餐廳一年多以來最忙的一周，沒有時間喘息，泰麗很難找到時間去想星期六晚上之後的生活。但她對於下一周的菜單，對於間奏（前甜點）確實有些想法，而這周的對話就此展開：

泰麗

胡桃南瓜永續農場（Butternut Sustainable Farm）下個星期會出當季第一批金太陽番茄。**超甜超好吃**。我在考慮拿它們來做番茄雪酪或是冰沙。

強尼

如果用來銜接鹹點跟甜點呢？也許可以用山羊茅屋起司（cottage cheese）配番茄雪酪。

泰麗

感覺很美味。給山羊茅屋起司帶一點清甜。

湯瑪斯的腦袋從吧檯區探出來。

湯瑪斯

明天的員工餐有想法嗎？

泰麗

你一定要把牛肉跟鱈魚用完。*

---

* 一直到星期五，魚類料理都是用鱈魚，然後才換成無鬚鱈。

強尼

你可以擺兩個料理盆，鱈魚就用蒸的。

湯瑪斯點點頭，又進去餐廳裡。

泰麗

我有點想弄跟試餐時我做過的類似的東西：之前我們烤過的薄餅皮（Feuille de brick）——

強尼

不會太費工嗎？

泰麗

我覺得會很有趣，好吃而且有變化，像麵粉薄餅（flour tortilla）的感覺——

強尼

可以做稍微厚一點。

泰麗

我的想法是偏可麗餅口感一點。或者我們把餅皮切成條狀捲起來當外皮？看有什麼魚有剩，我們就做熟肉抹醬（rillette），星期六煙燻好，再把魚肉包進去。我們可以把烤盤放爐子上，隨單現做。

強尼

也許綠色蔬菜，**帶苦味**的綠色蔬菜怎麼樣？

泰麗

或者芥末——

強尼
我們還需要再想細一點，但概念算是有了。

泰麗進到另一道菜。

泰麗
我們之前提到做蘿蔔湯，東西都有了。假如我明天開始弄，你覺得能不能——

強尼
我想我們應該做看看，然後另外想個備案，免得湯沒好。用那個食譜做水泡菜（water kimchi），分量加倍。

泰麗
庫存有二十磅；我可以叫更多。

強尼

另一個小點呢？

泰麗

我們可以再弄一次生菜沙拉。我喜歡生菜沙拉。我們的小點常常都是炸的，但現在是夏天——

強尼

假如我們一直做點變化，用不同的蔬菜？

泰麗

（點頭同意）

現在就有材料；我們什麼都不用叫。

艾比・羅德斯（Abbie Rhoads，其中一位調酒師）從吧檯區探出頭來。

艾比

大家晚安！

強尼與泰麗

晚安！艾比。

強尼**吐了口氣，露出微笑**，抬頭看星星。

強尼

（冥思出神）

這幾個禮拜的菜單啊……年紀比較小的幾個廚師得花多點工夫才能掌握，但只要學到了，就會功力大增。他們會習慣處理多工。他們不會像機器人。感覺會像幾星期時間就獲得好幾年的經驗。

他暫停回首往事，注意力回到泰麗與手邊的任務。

強尼

有沒有什麼開胃菜能確實突顯農產品？現在是盛夏。

泰麗翻找手上寫字板夾著的紙張，停在尼可士農場果園（Nichols Farm & Orchard）給的清單。

泰麗

番椒。茴香要出了。甜菜也不錯。

（敲一下寫字版）

玉米。

強尼

我覺得開胃菜保持在隨時可以覆熱的狀態還不錯。客人喜歡，而且出餐會超順。豆類我們都有。之前本來是想用一些［小盤子菜單上的料理］在吧檯區，但也不是一定要這樣用；我們可以把豆子冷藏，做一道以甜椒為主軸的豆子料理。

泰麗

每一種椒現在都大出。我一直在找青龍椒（Jimmy Nardellos）。還有羽衣甘藍、蒲公英葉。我曉得你沒有特別喜歡它們，不過——

強尼

我對它們沒有特別反感；我只是還沒想到要怎麼用它們。

泰麗

瑞士甜菜？

強尼

弄一大堆蠟豆（wax beans）什麼的。燉蠟豆**超**好吃。吃罐頭豆子讓我有一種奇特的罪惡快感。

泰麗
（表情一皺）

噁耶！我小時候絕對不吃罐頭青菜。

強尼
我喜歡那個口感。四季豆我會買新鮮的，但我很喜歡燉到爛的口感；我奶奶會用壓力鍋煮豬腳，丟進大把大把的豆子去煮。

泰麗
這種事別人是在烤肉的時候做——

強尼
——用一鍋高湯或什麼去煮。

泰麗

（忍俊不禁）

以前我還很嫩的時候，我們在黑鳥餐廳煮過黑蒜頭跟豬腳高湯。這很不妙，你打開壓力鍋的時候，味道就跟放屁一樣。有一次，有個做午餐時段的廚師弄了這道菜，結果在晚餐開始要出餐的時候打開鍋子……真的不OK。

強尼爆笑，然後突然想到個點子。

強尼

假如我們弄得像出汁*，用鰹節**，然後用鮪魚鬆取代豬腳？你試過鮪魚鬆嗎？

泰麗搖頭表示「沒有」。

泰麗

我會需要攪拌；鮪魚鬆沒有水分。

強尼
這樣只用魚也不錯，畢竟是魚素（pescatarian）。

泰麗
我們可以在脫水之前先燻過。

強尼
喔喔，完美。我覺得或許我們可以從這發展出什麼。

泰麗
我明天可以弄一批高湯，試做看看。

＊ 日式高湯。
＊＊ 柴魚片。

強尼（試著想菜名）

巴斯克（Basque）。

（敲）

鮪魚。

（敲）

燉。

（敲）

從這個脈絡去發展。我們甚至可以在上面放一點那個巴斯克泡椒（Basque pickled chiles）。

接著泰麗提議用鯖魚做魚料理，但強尼覺得菜單上已經有鮪魚的話，再用鯖魚油性魚就太多了。他提議用鮃魚（fluke）或鰈魚（halibut）等白肉魚。泰麗主動提到鰈魚現在價格滿便宜。

這些跟魚的討論帶出一段關於鰈魚的對話。泰麗最喜歡的烹調方式是用奶油煎，翻面，從爐火上移開，用還熱著的油把另一面煮熟。強尼最愛的鰈魚料理，是由加州聖莫尼卡（Santa Monica）一家叫做「長頸盧」（JiRaffe）的餐廳主廚拉法耶・盧內塔（Rafael Lunetta）所烹調。他是二十一年前吃的，但對那道菜的外觀跟味道仍記憶清晰：把魚肉跟新鮮馬鈴薯和橄欖油一起放進一只小陶罐，進烤箱烤，罐子口蓋上酥皮，留住湯汁，也讓湯汁更濃郁。

突然間腦海裡的閘門打開，點子浩浩湯湯冒出來，強尼跟泰麗的思考天線接上，開始接連出招。

泰麗
那種薄脆派皮（filo pastry）叫什麼？像是小的——

強尼
卡達耶夫（Kataifi）？* 那個很酷。進烤箱——

* 碎酥皮。

泰麗

——配瑞士甜菜——

強尼

走希臘風作法，用大量橄欖油，或者醃橄欖，灑一點鹽。

泰麗

我去希臘的時候，他們都是用番茄高湯蒸淡菜，搭小塊的菲達乳酪，灑大量的鹽。

強尼

（做了個「停停停」的姿勢）

我們也不要**做太過頭**。

泰麗

如果我們不用橄欖，改用酸豆或酸豆葉，鋪在魚下面？

強尼

我想到的跟瑞士甜菜很接近，切一切，拌進蒜泥熟蛋黃醬（aioli gribiche）：用大量切片的瑞士甜菜，快炒過，跟酸豆和蛋做的蛋黃醬拌一拌，或許加一點點芥末。我想像中這些口感的呈現會很鮮明：有魚，有烤得酥脆的口感，又有東西把它們統統黏起來，讓你一口吃起來——

泰麗

——很像巴斯克風的菠菜鹹派（spanakopita）。

強尼

對，或許我們可以這麼想。

泰麗

或者我們做菲達乳酪蛋黃醬，類似塔塔醬。

強尼

我只擔心鰈魚煮過頭；這個要注意。

魚料理算是出爐了，兩人接著討論肉料理，而在緣滿，肉料理也能以禽肉為主軸。

泰麗

我們做鴨胸怎麼樣？

也許可以。但財務健全的餐廳都會努力追求簡約的幻覺。

強尼

你覺得我們用剩下來的牛肉如何？

泰麗

我覺得不要，就算要也不要太多。

強尼

要是有剩餘的肉，我們應該拿來做小點，用個兩天。以前在夏多布里昂，不會有東西浪費；剩的食材都能做成小點。假如是魚，就做熟肉抹醬；假如是牛肉，就做韃靼牛肉。我們也該這樣做，就算只用一天也好。免得有人一星期來兩次。*

他們針對鴨肉腦力激盪：比較番鴨（muscovy，野味十足）、羅昂鴨（Rohan，富含美味油脂）、騾鴨（moulard）以及鴨胸各自的好壞。他們短暫考慮出鵪鶉或乳鴿，但價格太貴，跟緣滿的食材成本模式不合。

強尼

每次到這就碰壁。想法轉啊轉，都想到了要用哪個部位，感覺實在很——

* 怕你覺得強尼說的不夠白，他的意思是，不能讓同一個星期回訪的回頭客吃到同一種小點兩次。

泰麗
我自己是覺得肉幾乎都很無聊。我個人比較喜歡蔬菜或魚；我個人會想吃。

強尼
所以有時候我就只弄肉，配一點佐料。

泰麗
或者配一點根莖類，或是茴香什麼的？

強尼
綠花椰菜正當季。

泰麗
鴨肉配綠花椰，然後加一堆香草？

強尼

（嘆）

反正星期二之前會定案。我打算訂剛剛這些東西，再去想怎麼做。有壓力就會有動力。

泰麗

我覺得鰈魚很棒。番茄前甜點，這我有信心。甜點的話，我在考慮經典組合：甜玉米跟藍莓。

強尼

（點頭）

剩的部分接下來幾天就會知道了。

現在將近兩點。他們起身，走進空蕩蕩的餐廳，把葡萄酒杯擱在吧檯上，接著走出北埃爾斯敦大街的門，把門鎖上。

每周二早上十一點，四人組到班，從平凡人搖身一變，展露出他們在廚房裡的祕密身分。他們也是這個徹底變化的產業的化身——從上世紀那種玩通宵的廚師，變得比較沒那麼自虐。他們不會拖著臃腫的身體來到廚房，交流粗俗可笑、酒精上頭的周末戰績（有幾位也充分展現出當代廚師對於身體藝術的喜愛。他們身上刺有大象、花朵、匕首，以及抽象圖案——有些圖案是單獨出現，有些則是密密麻麻連在一起，在袖子遮住的手臂上蔓延），反而是臉色紅潤、精神抖擻，步伐輕盈，充飽電的樣子就跟他們的氣色一樣健康。其中一兩人很重視水分攝取，拿起水瓶喝了幾口，就算有人腋下夾著瑜珈墊出現，也完全不會突兀。現在這個時間點，也就是上個星期二，我們跟四人組在一起，正是向他們傳達本周菜單的時間。泰麗把倒放在第十桌（離廚房最近的一桌）的椅子拿下來擺好，魯本則講著自己去水上樂園的事。泰麗與魯本挪屁股坐進長椅，椅子留給湯瑪斯和珍娜坐。幾位廚師把各自的藍色圍裙——捲起來用繩子綁好——擺在桌上。珍娜跟大家分享自己看了尼可拉斯・凱吉（Nicolas Cage）剛上映的新作《豬殺令》（*Pig*）。這位瘋瘋癲癲的演員在意外大受好評的本片中盡收鋒芒，飾演一位隱居的前主廚，在奧勒岡州波特蘭（Portland）的森林裡過著魯賓遜漂流記一般的生活，唯一的伴是一頭松露豬。有人綁架了這頭豬，前主廚於是出馬，要把綁架犯揪出來剷除。真要說起來，最棒的部分是經過一年多的 COVID 疫情之後，她能**進電影院**看這部片。

「我原本以為是部搞笑片」，珍娜說。「結果看一看……我**看到哭**。」她雙手抱頭，笑自己居然看尼可拉斯·凱吉為一頭豬在所不辭的電影看到一把鼻涕一把眼淚。

當周開始的第一件要事，就是把菜單下載給團隊，所以星期二才

廚房團隊在周二泰麗下載菜單給他們後，展開他們的一周。

會要十一點到，其他天則是十二點到就好。四人當中，除了跟強尼在我們剛剛側寫過的流程中發想菜單的泰麗，其他人對於要接什麼樣的招，知道的不多，甚至完全不知道。但對於這個夏日來說，有一件事很確定：到了晚上六點，他們會煮好、調整好全部七道菜，開始提供給來付錢的客人。

泰麗先起頭：這周的其中一樣小點跟上周一樣，要做生菜沙拉。餐廳裡有多的蠟豆跟四季豆要拿來用，然後配上橘色花椰菜與剛送到的羅馬花椰菜（romanesco）。另外還有迷你胡蘿蔔，要想辦法（這是強尼的指示）用進肉料理，或者是甜點裡。（保持彈性，這是泰麗的提醒。）生菜沙拉搭配兩種沾醬：山羊乳優格蒜泥蛋黃醬（先前提到的優格、蛋黃醬等比例調製沾醬）與水田芥青醬（nasturtium pesto，一般的利古里亞〔Ligurian〕青醬通常是用羅勒，這裡稍作變化）；這個版本的青醬要用葵花子取代松子，以免有人對堅果過敏。面對出餐時的槍林彈雨，這是少數必須做出的調整。接下來是低調奢華的部分：青醬傳統上使用帕馬森乳酪（Parmigiano-Reggiano），但 walk-in* 裡面有剩餘的曼切戈乳酪（Manchego，一種西班牙羊乳酪），所以泰麗提醒珍娜改用後者。另一種小點則是醃貽貝配生大頭菜，擺在紫蘇葉上，搭配香草——現在還沒決定要用哪一種。

泰麗告訴團隊，這星期的例湯要做重口味的牛肉湯，帶有法式洋蔥湯焦糖化的魅力，但要過篩。湯會加入百里香、大蒜、文火焦糖化洋蔥，用雪莉酒洗鍋收汁。湯底會用雞高湯，加入烤牛肉角與牛骨來提味，最後濾過。（另外會準備焦糖化洋蔥與蔬菜高湯，取代雞湯，提供不吃肉的客人。）

至於開胃菜，泰麗說明，「要用三姐妹菜園（Three Sisters Garden）的去殼燕麥粒」——三姐妹菜園是家庭式農場，位於伊利諾州坎卡基（Kankakee），緣滿以南大概六十英哩。

「要做成像是燉飯」，她對魯本說，是魯本要把她的話化為現實；他豎起耳朵，匆匆寫在自己小本的上翻筆記本上。

「配料會有鈕扣雞油菌、刨玉米筍、醃蛋黃，然後我會用一樣的燕麥製麴，所以上面還會有酥脆麴燕麥。最後則用古銅茴香收尾。」

煮燉飯是很基本的工作，但凡對得起薪水的熱食區廚師對此都不陌生，所以泰麗只針對這次出菜要有的特色做指點：玉米筍會有用不到的玉米殼，泰麗指示魯本留一些下

＊專業廚房對於走入式冷藏室（walk-in refrigerator）的簡稱。

來，加進用來煮「燉飯」的蔬菜高湯裡。這樣燕麥會帶有玉米風味，能夠像電影《謀殺綠腳趾》中列博夫斯基（Lebowski）*的地毯之於他家客廳，把整道菜結合起來。泰麗也提醒魯本，這道菜裡乍看最現成的元素，反而是最難伺候的，那就是醃蛋黃。首先要把蛋黃跟蛋白輕柔分開，免得蛋黃破掉。供餐開始後，把蛋黃一批批放進滷水中快速醃製，必要時可能會整晚都在進行，因為蛋黃在滷水裡待太久，醃過了頭，就會生出一層噁心的「皮」，還會乾掉，甚至破掉。

因為燕麥「燉飯」上面要放一顆醃蛋黃，現場的蛋白就會供過於求。這些蛋白要用來澄清高湯——這是製作澄清湯（consommé）的教科書手法，凝結的蛋白會變得像有如蛋白霜做成的小筏，浮上湯面，從液體中吸走雜質。

專業廚房模仿軍隊組織，有其上下階級，在西式料理世界中通常稱為「廚旅」（*brigade*）：例如主廚（*chef*）的意思就是「領導人」（*chief*）。即便在緣滿這類氣氛融洽、一派平和的廚房，也還是帶有不少傳統遺風。供餐期間，新單送到與廚房確認接單的應答形成一股韻律，搭上泰麗與珍娜之間的呼應，彼此交織。這簡直就像巴洛克風格，但在一周即將展開新工作時坐在這裡，確實有一種正在計畫一項任務（或者搶劫）的感覺。

「接著談魚料理」，泰麗開口，敦促湯瑪斯多投入一點心力，同時把紙筆準備好。

（嚴格來說，魯本是蔬菜廚師〔*entremetier*〕或是魚類廚師，而湯瑪斯則是肉類廚師〔*viand*〕，但熱食區就只有他們兩人，兩人都必須有能力做彼此的料理。話是這樣說，但開胃菜是由魯本負責。）無鬚鱈要放在橄欖油中慢煨，搭配尼可士農場果園叫來的寶石萵苣菜心，現點現做，泰麗會通知他們。這道菜會淋上侏羅黃酒（vin jaune，一種來自法國侏儸地區的烈白葡萄酒）與奶油做的醬汁，放上帶有天然鹹味的、顏色翠綠、宛如迷你蘆筍的海蓬子。無鬚鱈與鱈魚是類似的魚——白肉，魚片大——還有一些無鬚鱈庫存，所以星期二會用無鬚鱈，之後改用鱈魚，等到新一批無鬚鱈在周末送達再改回去，那時鱈魚應該也用完了。

隨著會議進行，團隊所身處的餐廳也逐漸甦醒。總經理潔西卡到了之後開始動手幫用餐區各處擺放的小型植栽修剪、摘掉枯葉等。來自各家農場與供應商的送貨員帶來泰麗訂的貨：高檔食材銷售商王立食品（Regalis Foods）卸下雞油菌與海蓬子；富瓊魚鮮（Fortune Fish & Gourmet）則留下無鬚鱈，他們的業務希望泰麗試用看看。一直到下午兩三點，還會有更多食材送達，正好能趕上備餐；多數的送貨員是手拿箱子，或者用肩

* 抱歉啦，應該說督爺（Dude）的地毯。

扛，部分則是用手推車。簽收海蓬子之後，泰麗回餐桌時拿了一點，把手打開，讓團隊試試味道。

湯瑪斯冒出一句。「吃起來像到了海邊」，他用拉長調的方式講話，透出了他在密西西比長大的事實。

「接下來」，泰麗開口，提出肉類料理，「乾式熟成前腰脊肉，肉我們是跟斯萊格買的，還有番茄要脫水來強化風味。我們或者把番茄切半，用鐵盤煎過，這樣就可以讓番茄有更豐厚、焦糖化的風味。紅酒、油水分離的類油醋醬汁加一點牛肉湯汁，接著我們或許用一點逼出來的油脂，最後放上法國酸模。總頭頭提到上面或許可以放點胡蘿蔔，總

番茄在萬能蒸烤箱裡面脫水。

之這一項可以斟酌。」她笑起那些用不太完的胡蘿蔔。

泰麗的指示從頭到尾出現的修飾詞，突顯出用這種方法安排每周菜單本身所帶有的實驗性質：「也許」現點現做時拌一點檸檬汁到青醬裡，畢竟太早拌進去的話，水田芥會變黑；「可以」加一點香草，搭配貽貝與紫蘇，就看冷藏室有什麼（最後出線的是薄荷與巴西利）；用來燉寶石萵苣的液體「或者」就用油跟水，這樣才不會跟風味明顯的黃酒奶油醬搶味道；牛肉料理上的番茄「或許」可以切半；她「覺得」間奏可以淋上一點橘紅色的利口酒；還有「想不起來」桃子塔上面要放哪一種香草。

我們那道菜的番茄，是泰麗在星期二早上一來就第一個特別照顧的食材。廚房團隊開會時，大概二十顆番茄正在 Rational 萬能蒸烤箱（Rational iCombi oven）彷彿三溫暖的空間中緩緩脫水——這座爐子擺在開放式廚房一隅，差不多冰箱大小，之所以叫萬能，是因為它能用乾（對流）熱、溼（蒸氣）熱，或者綜合。

不過幾天前，爐子裡那些番茄還吊在芝加哥西北大概六十五英哩，一片滿是夏意的田裡，長在茂密纍疊的藤蔓間，藤蔓則構成成排的綠葉，往地平面延伸過去。就算湊得很近，這片綠意也會讓人難以看出有哪些個別的農作，但只要鼻子一聞就解決了：各種番茄、黃瓜、甜瓜、番椒、胡蘿蔔等等不勝枚舉，在此茂盛生長著。尼可士農場果園自有加租賃的農地有六百英畝，這裡是其中之一。農場在一九七〇年代創立時，本來只是洛伊．尼可士（Lloyd Nichols）的嗜好，如今卻像童話故事中傑克的魔豆，愈長愈大。

尼可士本來的土地上，有幾座玻璃溫室星點其上。四月下旬或五

洛伊．尼可士，從後院花園展開自己四通八達的事業。

月上旬，他們把大顆白蘭地番茄細小的種子種在溫室裡一格格的育苗容器裡。團隊會用加了氮、鉀與磷溶液的水穩定供應養分，有時還會加一點硝酸鈣，水耕時間三到四個星期。到了五月下旬，只要確定沒有霜害的威脅，農場工人就會小心翼翼把植株移植到尼可士三百到三百五十畝的產業當中的一片田；其他田地則進入休耕。（尼可士的番茄大多是田間種植，但有部分祖傳品種比較適合從頭到尾都在溫室裡水耕。）

番茄種到土裡後，重點就擺在不讓它們受天氣或病蟲害影響。部分植株會套上小型圓柱形金屬格架，在這家苗圃的庫房裡數量有上千個。這些格架的形狀就像燈罩，讓番茄藤可以爬過去，讓果實保持離地與乾燥。有些植株則是吊在支架間懸掛的線上，不跟土壤接觸，還有一些就放它們在地上生長。無論是哪一種，支架與土壤接觸的地方都會鋪上黑色塑膠布。塑膠布底下有蜿蜒的滴灌管線，能夠一次為十英畝供水，水源來自附近的水井。看季節，這家農場開滴灌的時間會多達八小時。

在夏季，當番茄成熟的時候，摘下來的隔天就會送到市場與餐廳。送貨是過程中唯一能快起來的環節。在緣滿的前腰脊肉料理上共同主演的番茄，至少需要大約七十天才能成熟；其他品種甚至能長達九十天。全部加起來，從種子到餐盤大概需要三個月，也就是說七月二十四日造訪緣滿的客人所吃到的，是今年春天第一批播種、栽種的番茄。

尼可士每年種的番茄多達**八十種**，但他們銷售的種類卻遠沒有那麼多。我們不妨稱之為內建的保險措施：首先，尼可士耕種的面積與生意之大，讓他們每一季能夠吸收幾種品種無法收成的損失，最好的果實才賣給市場。第二，尼可士得以藉此避免採取積極性的殺菌劑噴灑方案，忠於他們的保育哲學。第三，這讓他們在發現田裡的番茄染上如青枯病等疾病時，可以直接擺脫掉遭感染的植株。

「我一直採用這種策略」，洛伊說。「我就盡量多種，就算不需要那麼多也沒關係。」

洛伊．尼可士創辦了這家龐大的農場。他生於一九四五年八月六日，也就是美軍轟炸廣島的那一天。他的父母是芝加哥本地人，工人階級，生了兩個兒子，他是老二。他父親擁有一家小曳引機公司，母親則擔任助手。一九四八年，他父親將公司轉型，成為最早的空運服務，採用中途島機場救回來的 C-46 運輸機，逐漸發展成類似聯邦快遞的公司。

洛伊．尼可士學業普通，對學術興趣缺缺，但園藝讓他相當著迷。他父親把家裡後花園的一塊地送給他，年輕的洛伊種了蘿蔔、豆子和其他青菜，能在泥裡玩就是開心。他十六歲那年，癌症奪走了他母親的生命，他的哥哥入伍從軍，洛伊就這麼與父親相依為命，直到他自己高中畢業後加入海軍為止；一九六三年十一月，約翰．F．甘迺迪遭暗殺時，他人在新訓。洛伊在軍中服役到一九六七年，其中兩年在航空母艦企業號（*Enterprise*）上，如今他在尼可士農場區的自宅書架上，就擺了一艘企業號的模型。當越南情勢升高時，他駐派日本，最後一年則是在阿拉斯加科迪亞克（Kodiak）一處海岸巡防隊的空勤救援與氣象設施。

退役之後，洛伊回到芝加哥，得到許多工作機會。他做過幾份工作，後來朋友介紹他到奧黑爾機場（O'Hare Airport）為環球航空（TWA）做機坪服務。洛伊說，機坪服務就是「上郵件、空運行李、貨物、裝飛機餐——這些我都做過」。他專做航空飲食後勤（*commissary*），也就是為空中廚房備辦食物與酒品，當時飛機餐還是很奢華的服務。

一九六九年，他在芝加哥正西邊約二十英哩的郊區朗伯德（Lombard）買了房子。這棟房子有寬廣的前院，於是洛伊就把這四分之一英畝的院子種滿「每一樣都可以吃」的東西當裝飾。（務農跟下廚很像，如果不是家裡本來就務農，當農夫的人通常也需要入門契機，而這就是他的契機。）夏天的時候，一個個作物冒出頭來，這場面彷彿白天版的聖誕燈，鄰居們都驚呆了。又過了一段時間，他買了更大的房子，有半英畝的地，接著又買下了隔壁半英畝的地，種更多的菜，與同在機場工作的朵琳．道得（Doreen Dowd）交往，隨後成婚。

一九七〇年代初，夫妻倆搬到伊利諾州的惠頓（Wheaton），一次偶然開車經過一處農場，外面掛了**山羊出售**的牌子，勾起了洛伊對畜牧的興趣。他不假思索買了幾頭，好像山羊是便利商店裡一時衝動可以購買的東西。回到家後，他敲敲打打，蓋出畜

尼可士的農工在繁忙夏季採收作物。

欄和遮風避雨的地方。當時沒有網路，沒有 YouTube，洛伊從與農夫的交談中獲取養羊基礎知識，搭配一些入門書。他說，「不需要畜牧博士學位也能養山羊」。之後他們又養了一頭娟姍牛（Jersey cow）與幾頭豬。

我在洛伊和朵琳的房子外面訪問他，我們坐在玻璃桌面的戶外桌旁邊，在八月豔陽下啜飲冰鎮的茶。七十有六的他維持宛如動作片演員的身材。稜角分明的臉、工裝褲和 Carhartt 工作襯衫，感覺他在戰場上也能氣定神閒，叼著雪茄，吼出命令。這種形象只維持到他開始講話，他那溫和、永遠好奇的靈魂就顯露了出來。大概一小時前他來歡迎我，帶我坐進一輛高爾夫球車，參觀這處產業；沒幾秒，他就把車子停下來，從樹上摘下一小顆美國李，大概乒乓球大小。「吃吃看」，他一面說，一面把李子遞給我。我咬了一口，宛如桃子的味道令我驚豔。洛伊對我咧嘴笑，過了這麼多年，他還是充滿熱情。

回來談一九七〇年代，還有那些山羊：他每天幫山羊擠個幾次奶，自學製作山羊乳酪——在當時是最「潮」的材料之一。當然啦，他們家也收獲了牛（奶）和豬（培根與豬肉）的好處。

得知自己的地目不能從事畜牧，對他來說是靈魂拷問的瞬間；雖然還只是嗜好，但他不願放棄，而是繼續在農業區裡找房子。

一九七七年，他跟朵琳看上了萊爾（Lisle）的一處樣品屋，後來幾乎是完全復刻在馬倫戈（Marengo，尼可士農場果園今天所在地）一處十英畝的農地上。尼可士一家目標遠大（以當時來說），開闢了面積四英畝的菜園，種植蘆筍與其他蔬菜。「什麼都種啦」，洛伊如是說。一九七八年，友人建議他可以把多餘的產出賣給農民市集，從中獲利，而這在當時只需要獲得允許就可以賣了。（當時芝加哥有幾個難得的農民市集，一處在埃文斯頓〔Evanston〕，一處在奧克帕克〔Oak Park〕，想參加的人擠破了頭。）他們把洛伊的皮卡車裝滿尼可士家多餘的農產，讓朋友載去市集，賺了幾百塊。洛伊嗅到契機：他可以在市集日當天現採好，自己賣，多賺點現金。隔年，他登記在埃文斯頓與斯科基（Skokie）的市集擺攤，同時把菜園從四英畝擴大到六英畝。他跟朵琳調整各自在機場的工作排班，以空出周末時間。他們會在星期五採收，用菜園的澆花水管把菜洗乾淨，盡可能準備多一點運到市場。

當時，美國人的飲食品味開始走上坡，進入茱莉亞．柴爾德（Julia Child）時代，新美式餐廳仍在新生期。尼可士認為，是因為顧客（多半是埃文斯頓西北大學〔Northwestern University〕的教職員）逐漸變成饕客，靠著他們的熱情與接受度，還有自己的冒險精神，一家人的事業最後才得以成功。

「我開始做些其他人沒想到的事情」，他說。「我會在櫛瓜還小的時候就摘下來，還有採收櫛瓜花。回到七〇年代，老經驗的人才會品嘗小櫛瓜跟這類幼菜。」他還開始加入原種番茄、小巧的圓豆類與鮮為人知的茄子品種，顧客趨之若鶩，急著想把這些食材帶回家煮看看。

洛伊外向的個性與熱情很有感染力。「這就是關鍵」，他說。「要是你自己都不放開，要怎麼把東西賣給別人？但要是你去市場，自己吃過，你就會想──哇塞，這也太好吃了──那就不難說服人家：**客人，這值得一嘗**。」

他頓了一下，接著補上一句：「我數不清自己教了多少人要吃吃看不同的蔬菜。」如今已屆遲暮的洛伊把上市場的事情交給別人張羅，但這種用味蕾傳教的方式，仍然透過農場的特定幾位雇員，以不同的版本傳遞下去，像是我跟泰麗與湯瑪斯走訪綠城市場（Green City Market）時認識的史蒂夫．弗利曼（Steve Freeman）。史蒂夫在尼可士的攤位巡場，若無其事地將桃子切片，靜靜地遞給參觀的客人。

十三年來，尼可士家把市集也納入經營範圍，夫妻倆還同時做著機場的工作。洛伊白天顧攤，把沒賣完的蔬菜水果打包，去機場上下午班或晚班時賣給同事。朵琳星期六日會去幫忙。同時間，他們還養大了三個孩子。

「我花了那麼多時間在工作，小孩搞不好會怨我」，他說。「我沒有空弄少棒那類的事情。但我們冬天都會去度假，我們是可以一段時間不營業的。」

為了專心經營迅速擴大的蔬果營運，洛伊與朵琳放棄了農場的其他項目，例如畜牧。買地過後大概一年，確保農場可以獲利與長久經營後，他們買了隔壁的十畝地。接著在一九八一年，他們把隔壁另一塊的十畝地也買下來，總面積來到三十畝。差不多這時，洛伊開始跟當地琴酒廠的老主顧們交流訊息，找人手幫忙採摘。有個酒友以前是機械工，幫他找了一些年輕的拉丁裔工人當臨時工，通常是星期五六上工。農場的發展是斷斷續續的：穀倉旁加了洗選架，到了一九八〇年代中期，農場已經顧了幾名兼職員工。朵琳則是一直在機場工作，「做到他們要她退休」。

直到今天，洛伊還是不覺得自己是農夫。「對我來說，農夫主要還是從事商品（農業）」，他說。「種玉米、豆類、小麥，或者酪農業那種才算。我做的一直是蔬果園。我種蔬菜賣給市場。」

這家農場打入餐飲業的步調比較慢，原因是市集的時間比較早（跟主廚們的睡覺與工作時間安排衝突），加上餐廳一般覺得自己可以跟批發商進到一樣的貨。但後來漸漸開始有人做嘗試，像是保羅・卡恩（這位主廚也是斯萊格最早的顧客）與麥可・彭奇奧（Michael Ponzio，現為聯合俱樂部〔Union League Club〕主廚）。為了具備競爭力，洛伊深入研究種子型錄，每一種都種一點，或者至少試著種看看，後來就變成種上百種作物了。

事業如此有成，但尼可士的出發點居然不是長久懷抱的夢想，而是從單純的興趣開始，以需求和契機為基礎漸漸發展而來。今天，洛伊說要不是他的兒子尼克（Nick）、陶德（Todd）與查德（Chad）也積極參與經營，他恐怕早就縮小規模了。

番茄盛產期的時候（就是這個時節），會在要運往餐廳或農民市集的前一天才採收。摘下來的番茄先運往尼可士位於里弗路（River Road）的清洗與包裝廠，是個類似停機棚的建築物，由團隊成員在流理臺處理好，收到幾個塑膠箱子裡吹乾。吹乾水之後，箱子會送去冷藏，再由包裝團隊把它們裝箱，送往目的地。

餐廳從獨立經營的農場獲得農產的主要方式，是由農民或農場僱用的司機直送，或者餐廳業者去農場在當地農民市集設的攤位採買。

季節允許時，泰麗與／或湯瑪斯會走訪綠城市場——每逢星期三與星期六，農民會在芝加哥西環區（West Loop）的瑪莉．巴特梅公園（Mary Bartelme Park）出攤，構成一片裡面什麼東西都可以吃的仙境。他們會在此補充存貨，尤其是跟不會直接送貨給他們的農場買東西，像是斯密茨農場（Smits Farms），我們那道牛肉用的百里香和迷迭香就是在這兒買的。不過，餐廳的肉品（魚、禽肉、畜肉）與其他農產品多半是由位於芝加哥方圓一百二十英哩範圍內的農場直接運來的。（乾貨多半是由大卡車載來的，車身上打的商標，則是主廚倉庫〔Chefs' Warehouse〕與珍茶窖〔Rare Tea Cellar〕等全國範圍營業的高級食材供應商。）

為了對送貨的環節有所認識，我跟馬克．霍夫麥斯特（Marc Hoffmeister）約凌晨三點三十分在尼可士農場的清洗包裝廠碰面。電燈的光線從廠房的幾個裝卸區透出來，彷彿史匹柏電影的打光。頭頂的天色雖然跟墨魚汁一樣黑，但工作日的活動早就在進行了：每個裝卸區都有一群穿著 T-shirt 與工作褲的工人，要是你從大跨度廠房的一端找路走到另一端的時候還心不在焉，就有被堆高機壓扁的風險。時間這麼早，但每個人看起來都精神抖擻。比方說，開著堆高機颾過我身邊的那個人。

「傅利曼先生！」那人大喊。他是史蒂夫．弗利曼，我在綠城市場認識的尼可士團隊成員。「弗利曼先生！」我也喊回去，邊打哈欠邊微笑。

此時正是八月，空氣中瀰漫桃子的香氣。運往農夫市集的幾輛卡車，需要有一隊人來裝貨；至於要送去給餐廳的貨，則由馬克．霍夫麥斯特這樣的專人單獨完成。他人已經在最後面的裝卸區準備好，把上面打著**農場鮮蔬**（FARM FRESH VEGETABLE）標誌的箱子排成一排，大部分箱子上已用黑色麥克筆寫了目的地是哪家餐廳，就寫在箱

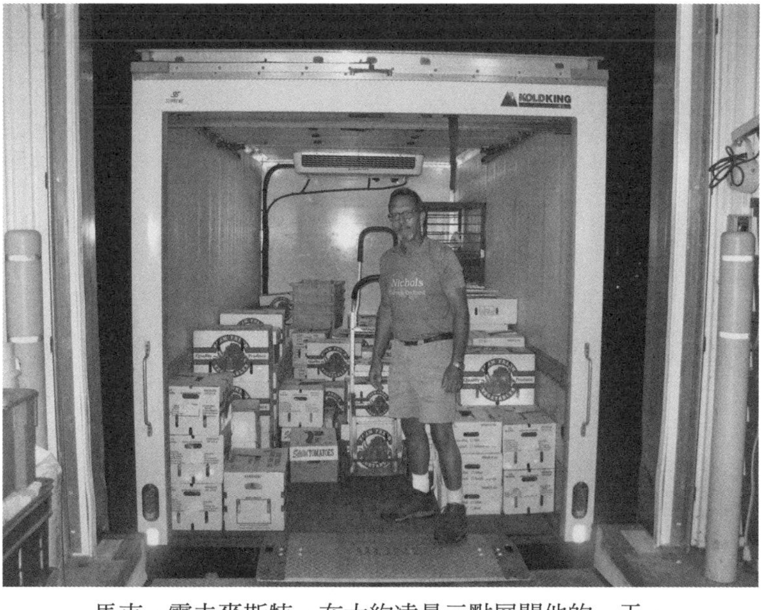

馬克．霍夫麥斯特，在大約凌晨三點展開他的一天。

頂折片的一角。

馬克精實矯健，核心肌肉有力，雙腳滿是肌肉，完全不像六十歲，何況他還有一頭令人羨慕的黑髮與山羊鬍。他穿著卡其短褲、森林綠的尼可士T，彬彬有禮，感覺就像你最喜歡的營隊隊輔。但可別被唬了。對，馬克英俊風趣。但他也——借用《即刻救援》（*Taken*）系列電影的台詞——擁有非常特殊的一套技能。說起來，馬克之於其餘大多數駕駛，就像海豹部隊之於高中駐警。

只是他，唉，畢竟是凡人，歲月還是會損耗他的身體。他認為束腰只會讓脊椎和下腹部肌肉**變弱**，所以不用，只是他的駕駛座上還是擺了個破破爛爛的黑色楔型腰靠。他每天上工前會沖熱水澡，做伸展，深屈膝，喝咖啡吃早餐，免得肌肉拉傷。他到班時精神抖擻，咖啡因滿滿，能量滿滿，準備大幹一場。

新冠疫情期間，尼可士展開CSA（社群支持農業）計畫，每星期把蔬菜箱運銷往家戶或集散地，讓附近的消費者前去領貨。運到目的地的這些箱子上貼著個別顧客的姓名標籤，擺在水泥地板上的箱子看似亂，卻亂中有序，令人心安。

「看起來好像雜亂無章」，馬克指著這一團亂對我說。「但裡面是有道理的。」

這就是馬克的第一項超能力：他做大部分的工作時，都不用手機螢幕小工具的幫忙——在數位時代出人意料，令人印象深刻。他就靠自己的火眼金睛和一支原子筆，對著夾在寫字板上的一疊發票，檢查箱子，確定貨都備好了。接下來，他把箱子堆上他的「二輪」（我們說的手推車），裝上他的貨車——二〇一八年式的雪弗蘭（Chevrolet）Express 4500，車斗十六英呎長（指載貨區長度有十六英呎，寬度八英呎）與冷王（Thermo King）冷藏設備（簡稱冷藏箱〔reefer〕）。今天最晚要送的貨先上車，放在最裡面。同樣擺在最底，靠副駕駛座那一側的，是個金屬工具架，馬克把不耐碰的鮮蔬與倒置、用來權充櫻桃番茄托盤的箱蓋都擺在架上。

另一位員工——一位瘦小的女子，根據她變白的金髮和不太俐落的腳步，我猜她年約六十——停下腳步禮貌問我有何貴幹。我告訴她這本書的計畫。她點點頭，親切微笑，指著周圍熙來攘往的同仁：「這麼多人，都沒人看到你。」

此時還在新冠疫情變化期，所以馬克跟我聊起了今天口罩怎麼戴的事。「我輝瑞了」，他主動提起，意思是他打過疫苗了。我告訴他我也是。我們意見一致，把車窗搖下來，口罩收在口袋，中途停車的點如果有規定，或者職員有自發戴口罩，我們再戴上。

到了四點四十分，馬克和我上路出發，在國道二十號（US 20）靠近漢普夏（Hampshire）一家超大間的路巡（Road Ranger）休息區加滿油。車子接著開上I-90南，也就是珍．亞當斯紀念收費公路（Jane Addams Memorial Tollway），過了奧黑爾機場之後則改叫甘迺迪快速道路（Kennedy Expressway）。馬克的工作日已經過了幾個小時，公路的車頭燈連成一條河，天空還是夜的黑。我們在芝加哥西北下高速公路，以中等車速在五點三十分開進一家伊萊乳酪蛋糕（Eli's Cheesecake）分店荒涼的停車場。這是我們今天的第一站：農夫市集顧客的CSA取貨點。瓜類逐漸進入產季，成為蔬菜箱裡的生力軍。馬克把六個箱子堆在玻璃門外，另外還有第七箱給伊萊的咖啡店，裡面裝了瓜類、酸漿、甜菜與大蒜。

馬克有許多同行都會用路線規劃app，像是「Circuit Route Planner」或是「RoadRUNNER Rides」：把目的地通通輸進去，程式會合理安排先後，**然後**發揮GPS的功能，等於把駕駛的角色縮小成應用程式與車輛之間的人形溝通管道。馬克是老芝加哥人，知道這座城市的拐拐角角、車流模式與韻律。**他不需要三小GPS**。

「我小時候就學到這一切了」，他說的是把芝加哥道路的規劃規則銘記在心：馬地臣街（Madison Street）是南北的「起始點」，州立街（State Street）則是東西向的「起始點」，也就是說，芝加哥市的路網就是以馬地臣街與州立街交叉口為中心，每從中心點往外一個街口，門牌就跳一百號。

馬克的文化背景是半亞述裔半德裔，家學淵源既有烹飪產業，也有芝加哥市政府：他的外公是芝加哥環區鬧區歷史性的帕默豪斯酒店（Palmer House Hotel）的主廚，岳父則在芝加哥近北區（Near North Side）第十八分局擔任警佐。馬克在芝加哥遠北區（Far North Side）的羅傑斯公園東（East Rogers Park）出生長大，緊鄰密西根湖。高中畢業後，他到土方公司工作，二十多歲時與朋友合夥開了裝修與營建公司。他當過生啤酒餐廳銷售業務，也在市政府底下做過混凝土工人，直到九年後預算縮編才結束。接下來他搬到克里斯托雷克（Crystal Lake），芝加哥西北方約五十英哩的中型城市，擔任醫療器材公司的業務維生，但後來公司減少業務，也解僱了他。就在此時，他想到了尼可士，以前從埃文斯頓的農夫市集知道了這家農場。他找到農場地址登門拜訪。洛伊當場就雇用了他。

日光剛出來後不久，我們沿著馬克所說的「小巷」——路的一邊是整排的房子，另一邊是附屬的車庫間——悠悠哉哉開到芝加哥西北的一棟房子。他把十一個CSA蔬菜箱卸下來，其中一個是給屋主的。安排是這樣的：屋主志願以自家做為取貨點，為了答謝他們的辛勞，農場會送一箱免費的給他們。（卸貨的地方同時也是舊箱子的回收點，昨天馬克回收大概一百個箱子。）

如果是亞馬遜的外送員會核對簽名，或者幫擺好在門廊的貨品拍張照片，作為送達的證明；但除非情況特殊，否則馬克不會這麼做。「小偷的話」，他用自己招牌的幽默與智慧來解釋原因，「他們要的是手機，不是一箱甜菜。」

我們繼續行程，陽光灑在摩天樓上，周圍充滿城市的喧囂。慢慢地，我們跟世界同步，或者說世界吞噬了我們。通勤族在公車站等車，跑者的汗水在仲夏溽暑中浸溼了運動服。

我們第一家送到的餐廳是朗文與伊格（Longman & Eagle），一家現代版的老式芝加哥客棧，樓下有威士忌酒吧，樓上則有客房出租。發票上有東西讓馬克挑了挑左邊眉毛。他對科技不信邪的作法搞到自己了——他少拿一箱玉米。這家餐廳應該要有三箱玉米，另外還有其他裝夏南瓜（squash）和原種番茄的箱子才對。

「總是會碰到鬼」，他搖著頭說。少一箱玉米，換作你我恐怕會很慌吧，但馬克以前就有過經驗。他決定從另一單先挪一箱來用，希望經過尼可士在綠城市場的攤位時可以補充。（另一個選擇則是少給另一個顧客一箱，隔天再補回來。）

朗文與伊格已經有一名穿著全身黑的廚師在廚房待命，出現在門口要拿貨。

「好久不見」，馬克真誠地話家常。「你幾點到的？」

「五點。」

回到貨車，駕駛座變成指揮部。馬克打給好幾個同事，才終於聯絡到人在馬倫戈農場上的尼可士，請他轉告今天在綠城市場攤位當班的史蒂夫．弗利曼，他會晃過去跟他拿一箱玉米。

「辦得到的話就是成功逆轉」，他一面說，一面帥氣地把寫字板甩進駕駛座與副駕駛座之間的黑色塑膠置物槽。

回想起來，到這個時間點的早晨將會是接下來幾個小時的預兆，也是其縮影：馬克很有風度，很有彈性，而這兩點對他的工作來說都不可或缺，就像調查犯罪的聯邦探員需要一張撲克臉和分辨鬼話的能耐。在市郊或鄉間，不用為了貨車停車卸貨傷腦筋或是緊張兮兮。但到了美國大城市，開車送貨要面對的就是名符其實的障礙賽：路上會塞車，停車位鮮少是以貨車大小去考量，貨車卸貨區很少，每一個角落都潛伏著交通助理員開單的風險。（說實話，違停罰單是經營成本的一部分，但沒有吃單子當然值得慶幸。馬克上一回收到罰單已經不知道是多久以前的事，這多少得感謝警察發揮同理心，接受他的說法，「我沒有要停車，我是在送貨。」）

往下一站的途中，馬克把今天的戰略優先事項說給我聽：目標是在八點半左右抵達「布呂」（Brü）——位於威克公園區（Wicker Park）密爾瓦基大道（Milwaukee Avenue）旁的網美咖啡館，好避開早上的尖峰時間。如此一來，他就能駕車迎著朝陽向東，前往林肯公園區（Lincoln Park），再往郊區開，心裡踏實，知道他已經給芝加哥幾間一流餐廳送去了寶貴的蔬果，他們會製作……管他們用來製作什麼。馬克與妻子吉娜（Jena）算不上「外食族」，他這麼解釋。他們住在城外，她八個月前開始吃素，而他的工作時程跟吃精緻餐飲（fine-dining）相衝突，而且那些餐廳很貴。

貨車停了幾站之後就快七點了，我們往東巡航，方向大致是往密西根湖去。我們把車停在楓樹燼（Maple & Ash）——一家現代牛排館兼海鮮餐廳——位於楓樹街（Maple Street）的停車格，就在貨物進出口旁邊。

楓樹燼的廚師們要維持兩個廚房的運作，一間在三樓，一間在四樓。馬克於是把訂單分成兩部分，送兩趟上去；他把裝了玉米、櫻桃、薄皮甜黃瓜與特羅佩亞洋蔥（Tropea onions）的箱子擺上兩輪推車，堆到把手那麼高，然後用磁扣替貨斗上鎖。（他對這個型號情有獨鍾，因為就算貨斗上了鎖，冷藏設備還是能繼續運轉。）我們繞到建築物的後巷，一扇沒有標誌的門前面，馬克開啟密探模式：他輸入一串密碼，大概五六碼吧，全憑記憶，然後我們就進了陰暗的員工通道。搭快速電梯到三樓，我們進入像是俱樂部、木板裝潢的餐廳空間，這個時候還沒營業，空無一人，好像一秒來到加勒比海，害人一下子想喝黑蘭姆酒抽走私雪茄，但時間實在太早了，不合適。

「大家早啊！」馬克一面吆喝，我們一面溜進了廚房。廚房相當狹窄，幾個廚師帶著疫情期間那種外科口罩（我們自己也戴上了），已經開始勤奮地進行早上的備料工作——切菜、切魚、切肉，能先煎炒的就先煎炒，放涼，等供餐時再加熱。

「我給你們帶來一堆好貨」，馬克繼續說，接著倒轉兩輪推車往

就連從貨卡卸貨也是體力活。

前推再往後拉，貨就卸好了。「超棒的蔬果給你們！」

廚房團隊微笑致意。

回到電梯口，馬克把口罩拉低，一條胳膊倚著兩輪推車，然後重新開始他那斷斷續續的旁白說明。「這台電梯有人用的話，繞過去還有另一台」，他說。他覺得我好像不相信他，於是伸手比另一台電梯，電梯兩邊有兩根支柱，中間懸了一條天鵝絨繩子。「你扯掉繩子——蹦——你就下樓了。」

電梯過了一會兒才到，於是他又分享了一點情報：「要是你需要廁所」，他指著旁邊走廊壁凹處的一扇門，「那間不錯。」

我們回到外面，回到街角，把要送到四樓的貨堆上兩輪推車。剛剛在室內的一下子，太陽就已經爬得更高，現在路上擠滿了各種形狀、大小、顏色的車輛。

馬克發現街角有一輛鋪路卡車，往拐進送貨入口的巷口靠近，於是他加快腳步，才能趕在卡車繞過來楓樹街、把他堵在裡面之前趕快進出。這不是杞人憂天：「有一次」，他告訴我，「一輛西斯科（Sysco）的卡車堵住巷子。」他暫停一下塑造戲劇效果，然後聳聳肩：「他們〔人在現場的大樓管理人〕讓我先走。」

就在**這**幾分鐘，更多現實情況浮上水面：大城市的高樓大廈本身就是一個小宇宙，有自己的封建領土、依運行效率分區的電梯、安全規定、休閒娛樂場所（可以設立的話）以及權宜措施。芝加哥人逐漸擠滿街頭、塞滿電梯，而且每每影響交通，早晨也開始有深入敵境的緊張感。馬克在執行任務時，管理員、警衛、通勤族和交通警察雖然無意，卻形同共謀般阻撓他。也就是說，他路線上的每一個點都是個需要解決的問題，解決方法需要一些花招，考驗著他的應變能力，以及優雅解決問題能力的限制（如果有的話）：像是要把貨車藏在哪，從哪一個入口進入目的地的阻力最小，以及要是沒人有手接收貨該怎麼辦。（今天有某一刻，大概是因為睡眠不足吧，我腦洞大開，冒出一個實境秀的概念：**送貨大戰爭！**）

有些地點內建挑戰，馬克興致高昂，欣然接受。比方說在前一天，史蒂夫．弗利曼就得上下三**趟**，把貨送給位在**六十七樓**的大都會俱樂部（Metropolitan Club）。我也當馬克的小幫手，幫他把東西搬上兩輪推車，或者拿幾盤怕碰壞的櫻桃番茄。這樣我也算是能感同身受了。

「哇塞」，我很認真地搖了頭。

結果這根本小意思。我們晃晃悠悠經過芝加哥藝術博物館（Art Institute of Chicago）的時候，馬克大嘆那裡真是固若金湯；他到現在都還找不到能有哪個把手一拉，按鈕一按，漏洞一鑽，守門一漏，就能更好送貨——你**非得**停在三個**路口**之外不可。有一次，館內作為婚禮場地，食材用量簡直逆天，他為了送貨，在博物館跟貨車之間來回**十趟**。聽他的，你絕不會想知道**這十趟**吃掉多少時間。

「老天鵝啊」，我幫他哭。

到了七點十五分，我們不疾不徐開上州立街，那高聳、雄偉、備受法蘭克・辛納屈（Frank Sinatra）歌頌的通衢大道，那標誌性的美式氣派陳列在眼前，幾分鐘後我們便抵達芝加哥競技協會（Chicago Athletic Association）門口。這座十九世紀的高樓現在改裝為飯店，飯店裡有七種飲食選擇。這張訂單超大：九個裝著瓜類、四季豆、青豆、原種番茄、黃瓜、特羅佩亞洋蔥的箱子，一整箱茄子，以及一盤櫻桃番茄。今天還算輕鬆，只需要用兩輪推車送兩趟。

接下來再送幾張小單，我們突然變成在小路加隧道加車庫的混搭場景中前行，在我看來，眼前陰暗的異世界沒有盡頭。馬克解釋，我們正在「密西根地下道」（Lower

Michigan），一條位在密西根大道（Michigan Avenue）**下方**的替代道路，範圍從芝加哥河往南北延伸好幾個路口，跨河的一段則化為雙層橋梁。「這裡就像陸地的腸子」，他的大笑壓過了貨車的隆隆聲。「走這裡的話可以從鬧區的頭走到尾，但我有朋友從來沒下來過。」

早上八點鐘，我們在義大利美食超市「吃義大利」（Eataly）靠邊。「吃義大利」裡面有好幾間餐廳的概念店，有餐酒館、披薩與義大利麵店，一家 Lavazza 咖啡，還有開烹飪班。今天，馬克要送瓜果、金太陽番茄、黃瓜給餐酒館，還有四十**磅**的原種番茄給 La Pizza & La Pasta。

到了下一站，我們又到了地下，這一回是雷德．莫鐸大樓（Reid Murdoch Building）的地下室。雷德．莫鐸大樓是紅磚建築地標，中間有一座鐘塔，大樓除了是大英百科全書（Encyclopedia Britannica）的總公司所在地，還有一間美式酒館風格餐廳 River Roast。突然間，我們開進一條狹窄的服務通道，是死巷，左右兩邊各有兩個卸貨平台。這裡相當陰暗，還有大卡車在卡位，齒輪轉動，輪胎發出嘰嘰聲。連馬克都露出少見的慌亂。他對這種狹窄空間，以及同行可能會不顧社交倫理，把自己卡在裡面的情境十分感冒。一輛臨停在我們路線上的卡車很好心地倒了車，讓馬克能倒車停在他想停的卸貨平台，也讓他重振對司機同行的信心。

我們拿著四箱玉米與一盤櫻桃番茄，走上一座狹窄的黑鋼樓梯（有些地方已經鏽蝕），抵達 River Roast 的送貨門口。馬克按了服務鈴好幾次，但沒人應門。他告訴我以前沒有發生過這種事，他推測應該是因為新冠疫情期間爆發人手短缺，沒人有空來應門。

於是他把箱子堆在地上，剛好旁邊有幾個牛奶紙盒，就拿來堆成台子急就章，把櫻桃番茄的盤子小心翼翼擺在最上面——盡可能擺好護好，然後把這些纖弱的小番茄留下來聽天由命。

「沒辦法了」，馬克聳聳肩，表示無能為力。他打電話跟尼可士報告，讓他知道情況，以免餐廳會有不滿。

經過幾個小時的觀察，我對馬克的能耐五體投地。也因為如此，聽他分享說自己一些朋友說他做的是單調乏味的工作，讓我有點難過。

「我喜歡我的工作」，他口吻堅定。「我喜歡一起工作的人。我喜歡顧客。我覺得很滿足。這就像健身。我樂在其中。」

我們回到陽光下，壓力漸漸褪去。大概八點四十五分，在「avec」的河北分店短暫停留之後，我們往一站神祕地點前進，是路線上的新目的地，馬克這一早上都在叨唸。他一直叫那地方是「班恩」（Bain），讓我聯想到克里斯多夫・諾蘭（Christopher Nolan）《黑暗騎士》（*Dark Knight*）第三集裡面由湯姆・哈迪（Tom Hardy）飾演，講話不清不楚的大反派。我看到箱子上用麥克筆寫的名字，才曉得其實是「BIÂN」（發音是「比樣」，跟「beyond」很像）。BIÂN 開在小世界公寓（Small World Department），是我朋友凱文・貝姆（Kevin Boehm）開的會員制都會高雅會館，綜合了健康俱樂部、水療、醫學中心與餐廳。這裡的地址是西芝加哥大道六百號，一目瞭然，但對馬克來說這裡是一片處女地，他還沒破解出最好的停車地點與最好的入口，讓守門或警衛放行他。還有，這棟樓在轉角，大門口很不明顯。

所以我們拐進拉拉比北街（North Larrabee Street），有個門房用誇張的手勢，示意我們繼續往前，離西芝加哥大道比較遠的地方有卸貨平台。我們往前開，但馬克很快就意識到這不可能，於是他調轉車頭，打算回西芝加哥大道，改成把車停在死巷。

找正確的入口花費我們太多寶貴的時間，但馬克沒流露出一絲焦慮。

「我學到」，他一面說，一面轉方向盤做三點掉頭，「反正貨就是要下車我們一定是**空車**回去〔農場〕。」

他終於找到西芝加哥大道上那道鑲金邊的門廊，也就是會員們進去高級的 BIÂN 的入口。門前有個接送區，專供代客泊車使用。這不是猜的，旁邊的告示牌寫得很清楚。但馬克曉得這裡是最好的停車地點，因為是私人財產，不受市府法規限制，除非有穿制服的接待人員照章辦事，否則就不會有被開單的風險。馬克小心避免眼神接觸，把貨裝上兩輪推車，大搖大擺推進樓，帶著一種好像他是器官移植醫生，要運送活跳跳的人體器官的那種迫切感。成功了，接待人員顯然意識到哪裡不對勁，但沒有不准。

送完這單之後，接下來情況就一路順利了：我們開了大概兩英哩，到了威克公園區（Wicker Park）和說好的布呂。雖然錯過了自訂的預計抵達時間，但也只差一點，停靠好的時間是九點整。這條路可以路邊停車，馬克把貨車直接停在店門口。布呂是CSA蔬菜箱的取貨點，馬克用兩輪推車送了好幾趟，身影隱沒在布呂的時間有時候會有好幾分鐘——想必是在跟咖啡師閒聊——才回來準備下一趟，一共送了三十箱。

我們放下心理上與實際上的重擔。從尼可士的倉儲出發五小時之後，貨車已將近全空。我們給自己犒賞杯咖啡，小事慶祝，接著駛向綠城市場，馬克飛快下車，不到一分鐘就帶回一箱玉米，填上先撥給朗文與伊格的那箱。

到了早上十點，我們配送到林肯大道北（North Lincoln Avenue）的中東餐廳嘎利特（Galit），這裡距離約翰・狄林傑（John Dillinger）遭射殺身亡的地點只有幾步路；白天時，每隔一段時間，就會有主打芝加哥犯罪史的旅遊團經過，導遊拿著大聲公，詳盡描述這位銀行大盜的最後一幕。我們進了餐廳，見到主廚札克・恩格爾（Zach Engel），這位大鬍子的健談年輕人跟馬克聊了起來。

雖然芝加哥是座大城市，但城裡的餐飲生態系卻很緊密：札克跟斯密茨購買大量札塔香料（za'atar），我們那道牛肉的紅酒醬汁用的百里香和迷迭香也是斯密茨產的；札克也在等胡桃南瓜永續農場的容恩・湯普林（Jon Templin），他也會送一趟貨給緣滿，時間就在馬克離開後不久。**而且**，他才剛造訪過斯萊格，在路易斯姜・斯萊格的產業邊上的活動場地舉辦的農場客座主廚系列活動中軋上一角。

十點十五分，我們抵達最後一站，「親愛的瑪格麗特」（Dear Margaret），見到了主廚萊恩・布羅梭（Ryan Brosseau）。我跟馬克在此分別。等等他會繞回埃文斯頓，送最後幾單，然後回尼可士。

分別前，我問這位頭腦靈光、應對進退能力爆表的人：他有可能坐進辦公室嗎？

「完全不會」，馬克不假思索。「這不是裝出來的。要我坐定我真的做不來。我從來沒有認真考慮坐辦公室。現在這樣我很滿意。」

可以說，本書裡之所以有這麼多人不由自主地過起以餐廳為重的生活，這便是其中一個原因。當然，有些人對食物情有獨鍾，但也有很多人天生就跟傳統職涯合不來。他們想要——**需要**——做自己，動個不停，用自己的雙手做事，擁有一整天時間都在碎嘴的自由。直到注定的時刻到來，他們完成簡直不可能的任務，就像芝加哥公牛隊球員繞開防守灌籃，讓人瞠目結舌一樣，他們在自己的地盤，他們的天才人人都看得到。

泰麗總結菜單，甜點就簡單帶過，畢竟她就是負責甜點的人：前甜點會是茅屋起司與水果點心的改良版，會用大草原鮮果酪農場（Prairie Fruits Farm & Creamery）的山羊茅屋起司，加入芹菜凍與燉櫻桃，然後（也許）以橘皮絲裝飾。主甜點是烤桃子塔，材料是粗麵粉麵團、扁桃仁奶油餡、桃子，以及沖繩黑糖*口味的炙燒冰淇淋，最後用生扁桃仁做裝飾。小點則是類似牛軋糖的點心，有開心果與扁桃仁口味。（星期二晚上供餐之後，假如是沒有先訂位的客人，廚房會改做不同甜點，把桃子塔改成烤桃子、檸檬卡士達與洋甘菊的組合。）

「大家有問題嗎？」她問。

餐廳就是一座教學醫院，一道菜就是一個病人。年輕廚師在此表現，也在此學習。所以，魯本問「青銅茴香」的意思，是不是一種烹調茴香的手法，也不會有人批評他——其實青銅茴香是一種草本植物，跟茴香一樣有球莖，紫色的葉子隱約帶有甘草味。

感覺很像虐戀的把戲，其實也算。廚房團隊跟星期二陷入一種又愛又恨的關係。強尼告訴我，在一次團隊定期自評當中，對於「在這裡工作最棒的事情是什麼？」以及「在這裡工作最糟的事情是什麼？」，他們的答案都是一樣的：「星期二」。實現主廚心中想法的廚師，並不是構思出這些餐點的人。更有甚者，菜單會議中布達的每一道菜，都還介於概念與藍圖之間，還會再塗改，而動不了的死線卻迅速逼近。

＊一種日式糖，是把甘蔗汁煮滾好幾個小時，收汁後放涼，變成深棕色的固體，然後壓碎成粉狀的甘味劑；相較於把糖蜜加入白糖製成的美式紅糖，沖繩黑糖味道既深又細膩。

會議結束，團隊一齊起立，筆記本收進口袋，圍裙打開來打結穿好，走向廚房。

魯本速速前往樓下的備料區，途中跟大衛・倫德（David Lund）擦身而過。大衛是降落傘的前任副主廚，疫情期間與強尼和貝芙莉一起跟線上平台 Goldbelly 合作，販售、外送降落傘招牌的韓式炸雞、韓餅以及調味料給全國的饕客。（對許多餐廳來說，這種新的合作關係是在疫情期間為彌補收入損失而開始的。）大衛在緣滿進行工作，徵用了院子另一頭的私人用餐包廂，當作暫放箱子等聯邦快遞來收的地方。

「嘿魯本，你今天要做什麼？」大衛問。

「幫新菜單備料。」

「喔，所以就是還不知道囉？」

他們倆都笑了。我有種感覺，這是每周例行公事，每逢周二菜單會議後都會上演。

無論如何，每周第一次供餐都是一段漫長、充滿壓力的旅程，途中每一道菜與整體菜單都要調整——廚師們試做一批出來，泰麗與／或強尼分享回饋，指示修改方向——直到第一批小點離開出餐台。

第三章

備料

Prep

周六夜晚，緣滿的供餐還在持續，廚房以穩定的節奏送出各式各樣的餐點，用餐區團隊來回穿梭，把菜送上桌。音響播著優拉糖果（Yo La Tengo）的〈一下二倍一下三倍〉（Periodically Double or Triple），讓整個空間染上一股懷舊、好萊塢日落大道的氛圍。

剛剛回家陪孩子的強尼現在回到餐廳，到出餐台邊跟泰麗會合，以便在必要時跳下來幫助出餐順暢；此時大概是晚上八點四十五分，他指示努莎把燕麥「燉飯」送到第十二桌，目前客人用餐的進度距離我們的那道菜還有兩道。（強尼今晚完全沒有穿過主廚的白廚師服，也沒有穿過圍裙，可見這些年來他徹底擺脫了老派習氣。）

強尼與貝芙莉的作息很不傳統，始終找不到適合的時間安排代顧。他們通常會聘兩位保母，一位顧白天，一位顧晚上。目前他們缺人顧晚上，但貝芙莉請了臨時保母，希望在一年多以來餐廳最忙的這個期間能晚一點回家。

今晚的廚房忙個不停。不過，即便有這麼多事情發生在眼前，其實已經有不少工作是提前在白天備料完成的。對多數餐廳來說，備料具有重複性：同樣的廚師每天做一樣的工作。有些餐廳會僱用專門的廚師來做備料，他們不會參與出餐過程。緣滿遵照常見的精緻餐飲模式，以傳統歐式料理架構安排，廚師會根據各自的崗位，提前準備需要的材料。但無論誰負責哪個崗位，每間餐廳都是用白天進行備料——無論是二十四小時供餐的餐廳（隨時都會有某些備料工作在進行），還是芝加哥米其林三星餐廳 Alinea（就跟緣滿一樣在白天備料）。

緣滿的早上跟下午多半很安靜。除非潔西卡或泰麗正在用餐區面試可能的新員工，或者在開會，不然團隊通常都把心思擺在烹調上。沒有播音樂，有些餐廳也是這樣。樓下僅有的聲音，則是飲料冰箱和冷凍櫃運轉的嗡嗡聲、刀子切在砧板上的扣扣聲，和割開封箱膠帶的聲音。每個人的動作都很急迫，所以無論是備料還是供餐期間，每個人靠近從碗盤櫃旁邊通往樓上廚房的樓梯，穿過門口之前，都會大喊「有人！」，以免跟反方向移動的同事撞在一起。

聰明且／或老經驗的廚師，會根據什麼工作最費工夫，來安排他們的時間。珍娜在樓上的備餐廚房開始熬高湯：她拿一隻大鍋，用好幾個**小時**熬煮，把十二夸脫的洋蔥絲焦糖化，然後加入雪莉酒、冷藏室裡剩的雞湯，還有牛骨與牛雜（在煮洋蔥的同時，一邊慢烤）。快要供餐之前，她會澄清肉湯，加鹽調味，過濾，盡量把高湯倒滿她工作崗位的茶壺，必要時再補湯。（過了星期二，為了節省隔天時間，她會在供餐結束後開始熬湯，讓湯煨隔夜。）湯瑪斯會在開放式廚房處理前腰脊肉，位置就是他在供餐期間站的地方；從白天一直到要過濾高湯的時候，只要有處理出牛肉邊，珍娜就會把它丟進湯鍋，增添高湯的牛肉味。

只要高湯開始熬，珍娜就會接著處理代辦清單上比較不耗時間的項目：她會用橄欖油、橘皮、紅蔥與鳥眼辣椒把貽貝蒸到開殼，然後把肉挑出來，放回蒸出來的湯，然後冷藏到供餐時間。她還要把生大頭菜切絲包好放冷藏，然後把薄荷與羅勒葉清理、乾燥、包好之後也放冷藏。她會把餐廳向當地酒廠兼烘培坊「中品」（Middle Brow）買來的麵包切成薄片，在烘烤盤上排好，淋上橄欖油，灑鹽調味，把麵包片烤到金黃酥脆——這些麵包要用來搭配加點的乳酪盤。接著她烤起乳酪盤要配的山核桃，用橄欖油與鹽調好味。

樓下的主備料區是個方形的房間，四邊都擺著不鏽鋼工作臺。湯瑪斯在房間的最裡面，背對整間房間，處理自己的部分工作，其中包括處理家庭餐（員工餐的意思）的材料。在湯瑪斯左手邊有一張靠著牆的桌子，跟他面前的牆呈直角，魯本就站在他的左邊用這張桌子。由於他們倆會在供餐時間一前一後烹煮套餐的主體——開胃菜、魚料理與肉料理——並且擺盤，因此備餐的任務也是互相分攤。魯本負責的項目中最重要的包括幫玉米筍去殼切薄片、醃製蛋黃、挑青銅茴香、修剪寶石萵苣的頭，以及準備醬料——

像是魚料理的侏羅黃酒醬，以及我們那道肉料理用的紅酒醬。紅酒醬需要分兩鍋煮，一鍋用奶油把特羅佩亞洋蔥、大蒜、迷迭香、月桂葉與百里香煮到金黃，另一鍋則是把同樣的五種材料浸到溫克羅夫酒莊的「壽」（Shou，這間密西根酒廠用卡本內蘇維儂、卡本內弗朗與梅洛做成的調和酒）裡面加熱，小火慢燉，濃縮到近乎糖漿，然後過濾，把渣丟掉。等到供餐時，魯本會把脂肪（奶油那鍋）與溫克羅夫酒漿分批加熱，用攪拌的方式把兩種醬汁調成一種。對這周二來說，這道醬汁算是老天保佑，第一次嘗試就跟主廚的想法相去不遠，過程中幾乎不用修正；到了周三，也就是第二個供餐日，只有備料時需要做些微調整，像是增加每一種香料的量，讓味道更為凸顯。

誰都想不到，魯本．湯明林——緣滿團隊中對星期二最沒好感的成員——剛開始對烹飪的興趣，就始於即興料理。孩提時在南加州度過的魯本對園藝極有興趣，也很喜歡跟媽媽在廚房裡做實驗。對於烹飪，他第一個幸福的回憶，出現在他八或九歲大的時候。

「她會放手讓我去玩」，魯本說話時人站在餐廳地下室的備料桌前，他那雙手——

顯然有自己的大腦——正幫玉米筍去殼，然後用塑膠製的日式刨片器把小小的玉米穗削成薄片。「沒有食譜。我會把各種五花八門的東西全混在一起，然後我們會拿去烤，看出來變怎樣。沒有說烤出來就一定要吃。可能超怪的：『啊，加點肉桂好了。』我們會加點麵粉，或者加點花生醬，或者來點冷凍庫裡的碗豆，然後丟進烤箱看成果。」

烘焙有別於大部分的鹹點作法，是最不適合即興演出的烹飪方式，成果好壞幾乎全看材料的分量、重量、溫度與烹調時間是否精準。無怪乎魯本小時候的實驗幾乎都以失敗告終。但他跟媽媽有時候還是會在烤盤裡找到寶，例如一種類似馬芬的濃稠麵糊，魯本取名叫「變身裝置」（*transmogrifiers*）——典出漫畫《卡爾文與霍布斯虎》（*Calvin and Hobbes*），是指一個用厚紙板做的盒子，側邊有按鈕，可以把使用者變成自己想要的模樣。魯本和媽媽在成果上塗上果醬，宣布大功告成。可惜湯明林家沒有筆記的習慣，他們後來再也複製不出來。

魯本覺得這些練習能讓人壯膽，而這並非偶然：他媽媽按照瑞吉歐教學法（Reggio Emilia method）帶孩子，重視每一位兒童的特殊性，以及孩子們自我引導的能力，支持他們去探索，用各種「語言」來表達自我——那是無數種的藝術形式與工藝。

「他們讓孩子自主培力」，魯本說。「他們讓孩子自己決定想怎麼做，問孩子關於事物的問題，而不是簡單把詞彙往他們嘴裡塞。所以她一直都是，『**你想試點什麼嗎**？做吧。**你想怎麼做呢**？你覺得東西完成會是這樣嗎？』」

魯本是獨子，他的爸爸是浮華城（Tinseltown，指好萊塢）的場務（電影或電視製作中負責燈光與相關設備的團隊成員）。他的爸媽享受著金州（Golden State）的料理財富。他們不是餐廳饕客，但魯本和媽媽經常逛農夫市集，爸媽也都下廚——通常是媽媽，因為她的工作時間比較固定，但爸爸在案子與案子間隔時會來換手，而且很享受

供餐期間的魯本・湯明林。

下廚。魯本的爸爸是來自紐約上州的愛爾蘭與義大利後裔；他的媽媽則是來自底特律的東歐猶太裔。但他們家的餐桌上不會出現牧羊人派、羅宋湯或猶太蛋麵派（kugel），對祖先在料理上的致敬就只有義大利麵。

魯本是個外向的孩子，天生的運動好手，擅長滑板、衝浪與足球。他雖然幻想自己成為電視運動播報員，但沒有真的往這條路走。他也沒念大學。雖然爸媽有幫他存學費，但等到魯本高中畢業，他對念書的熱情已經耗盡，而且在沒有明確方向感的情況下，也不想把爸媽的錢花在這麼虛無飄渺的事情上。

他等待時機，搬到加州中部，跑去跟一位念加州州立理工大學（California Polytechnic State University，位於聖路易歐比斯波〔San Luis Obispo〕）的朋友打地鋪。魯本在大學食堂廚房找到一份工作——**他的**入門契機。廚房裡的烹調工作多半很簡單，甚至機械式，像是把冷凍包裝裡預切好的蔬菜拿出來蒸。就算是從頭料理起的菜色，像是義大利麵的備料工作，也是以量產的規模在做，用超大的鍋子來煮，消弭一絲有細微差異或手法的可能。就料理而言，食堂餐廳跟緣滿這種餐廳的作法幾無相類之處，但魯本「愛上裡面團隊的這一面。從我自己的運動背景來看，一切都很合理：戰友情誼，**擁有**一支隊伍，為某個目標努力。一拍即合。」

他不覺得自己有煮飯燒菜的天分。回首當年少不更事的日子，他給自己的打分低到一種境界。但他工作認真，表現出學習的渴望，願意接受指導，對於自己漸入佳境、甚至說不定找到了自己的天職而興奮不已。食堂主廚感覺到這一點，投入時間提點他。後來主廚轉任校園外燴時，她便帶著魯本當自己的班底。在新的崗位，魯本幫忙大學校長級的宴會，或者在足球場以及特殊活動時進行備餐。也就是說，他升級做起更精緻的烹飪，像是開胃小點與擺盤佳餚。

此時，魯本與同樣來自南加州的謝爾比（Shelby）墜入愛河。兩人在一次長途旅行時都對奧勒岡州的波特蘭有了好感，於是在二〇一五年前後搬到這裡。為了累積正規餐廳廚房的經驗，他回覆了一個求職廣告，找了個跟住處在同一條街的工作，記憶中是個「橄欖園餐廳風格」（Olive Garden-y）的當地連鎖餐廳，環境很糟。更糟的是這個職務是喊高攬低——他是應徵當二廚，但餐廳缺的是洗碗工，所以他的工作就是洗碗。不過，他的樂天態度有了回報：三個月後，他跟同事已經打成一片，還升職為熱食廚師。

經營這家餐廳的不是主廚，而是廚房經理。餐點是總公司配好的，個別連鎖店只是照章辦事。因為生意好，魯本想累積的第一線廚師經驗也有了，但他工作的這家店在整個連鎖體系算是末梢，有點像是邊陲中的二軍。廚房經理證明自己能力之後，會調升到大店；要是連這麼小的店都管不好，就會捲鋪蓋。魯本工作的店在一年左右的時間裡就換了六任經理。他說，這讓店裡的日子過的「很淒慘」。

儘管問題重重，魯本仍然在這段時間搖身一變，融入了所謂「表達性美食社群」（the expressive food community）。以下**過度簡化警告**：餐廳裡的員工可以分成兩類，一類把下廚當成一份工作，另一類則當成是在追尋。兩者本質上並沒有高低，但對於追尋類的人來說，他們不會在下班之後把廚房拋諸腦後，反而饑渴地讀食譜、看主廚為主角的紀錄片與串流影片，尋求靈感與指引；透過網站與社群媒體關注國內外的餐飲界；把大筆薪水花在吃飯求靈感；同時發願將來要有自己的餐廳。隨著距離主廚地位愈來愈近，他們或許會舉辦快閃活動，試推自己發展中的風格與招牌菜。除了快閃活動以外，其他的魯本都在浸淫於波特蘭方興未艾的餐飲現場時做過。最後他離開連鎖餐廳，到Pok Pok Noi任職——這是主廚安迪·里克（Andy Ricker）人氣泰式餐廳的第二家店，提供里克最經典的菜色。魯本功夫下得很深，待了將近三年，每個崗位都作過：他在配有兩個大綠蛋烤爐（Big Green Egg）與炭火小烤箱的小棚子裡炙烤、煙燻肉類與蔬菜，也負責過pok pok站——這是里克從泰國引進的，基本上就是一套三、四百磅的杵臼。（餐廳名字裡的*pok pok*，就是研磨時木杵刮陶臼發出的聲音。）除了累積寶貴的技術經驗，魯本還發展出自己考量風味的直覺，例如味道的**平衡**。「每道菜都有一點酸、一點鹹，然後是一點香料，作為基底」，他回想當時。「我從這時才開始深入研究。」

之後他去了另一家當地餐廳，「火爐與雪克」（Oven and Shaker），是波特蘭名廚凱西．惠姆斯（Cathy Whims）與烈酒專家萊恩．麥格瑞恩（Ryan Magarian）合夥開的柴燒餐廳。魯本在這只待了一段時間，就去了另一家柴燒餐廳，位於波特蘭近郊馬特諾馬村（Multnomah Village）的「味蕾」（Tastebud），這是他第一次擔任副主廚。餐廳老闆馬克．多克斯泰德（Mark Doxtader）本來是農夫，之後他開始開拖車進農夫市集，在拖車上蓋了柴燒窯，後來開了披薩餐廳，也提供零星的擺盤菜色。

「每道菜的基本要求，是只用農民市集的產品，當地農民提供的食材」，魯本說。「基本上我們什麼都找得到，或許只有一些主食得跟其他的當地供應商買。菜單一直在變，真的很好玩。這是我第一次體驗這種模式，算是徹底顛覆我的想像。」

一下子，一切水到渠成：孩提時對園藝的興趣、跟媽媽的即席烹飪、頭幾份廚房工作加深的興趣，以及如今所有的愛好與熱情匯流成河。「我總是自己在整理花園，或種一些蔬菜，也很喜歡這樣的想法：**要是有個地方可以讓農場直送餐桌，會有多好玩**」，魯本說。「但以前我從來沒在像這樣的地方工作過。對我來說，一切就此不同。」

多克斯泰德的即興流程跟這位從小在廚房裡隨意發揮的年輕人一拍即合，只不過魯本在這份工作當中，也發現自己對於興之所至能夠接受到什麼程度。一開始，他看到廚師把切片的桃子或罐頭櫻桃撒在披薩餅皮上時，心中的悲觀主義者都被嚇醒了——連這個做過「變身裝置」的冒失鬼都不禁懷疑，「這種配法真的可以嗎？」但他發現做出來的派「妙不可言」，水果、融化的乳酪簡直是天作之合，就像聖代冰淇淋跟糖漿一樣搭。這家餐廳也讓魯本這位終身的園藝愛好者認識了以前不熟悉的食材，像是比朝鮮薊稍苦的近親刺苞菜薊。

不過，真正的啟發，還是在工作中使用柴窯——堪稱專業烹調的致命尤物，足以令試圖理解、掌握她的主廚們為之瘋狂。

「窯烤真的讓我非常非常入迷，真的很好玩」，魯本說。「每天你烹調的時候狀況都不同。窯烤是**活的**，會變化。火一直在變；不會說你轉到最小，火力就真的變到最小。我不覺得自己能駕馭窯烤，但我**試著**這麼做……。有時候你會很恨窯烤，當你得送晚餐出去的時候，但我敢說百分之九十的時間裡我超愛它。」

一年半之後，餐廳的主廚被炒魷魚，魯本則臨危受命，從副主廚升任主廚。堅守產季與食材供應的原則，多少對角色的轉變帶來挑戰，但最終其實也讓過程變得容易。魯本擔任主廚將近一年。

二〇一九年，謝爾比錄取伊利諾大學芝加哥分校（University of Illinois Chicago），專攻職能治療，於是她跟魯本搬到芝加哥，在烏克蘭村（Ukrainian Village）邊緣的洪堡公園（Humboldt Park）的公寓落腳。他覺得，針對經營「味蕾」廚房所需的有限技術要求，自己已經達到水準，但他還沒準備好在柴燒以外的情境中擔任獨當一面的主廚。於是他在芝加哥重頭做起，想在一家主廚導向、菜單更傳統的餐廳找個做熱食的工作。「你曉得，就是對擺盤、食物，對每件投注其中的事情，標準都設得很高很高的那種」，他說。

當地有幾個可能選項令他躍躍欲試，甚至也計畫到其中幾家做無薪實習（*stage*），直到他開始讀到並了解關於降落傘餐廳後，就到那兒實習。

「我感覺**這裡就是我想待的地方**」，他說。

疫情來臨前，他做過兩個崗位，後來轉到緣滿——就跟目前大部分的成員一樣。魯本覺得自己有朝一日很可能會重返柴燒烹飪。許多廚師，尤其是有志於成為主廚者，會做實體或數位筆記，羅列食材搭配、醬汁、配菜，以及完整菜色的構想。這些筆記也往往有油醋醬、高湯、醬汁⋯⋯諸如此類，從過往工作中累積而來的食譜。魯本只有後一種筆記，**沒有**發展中的夢幻餐點檔案，沒有那些他打算精益求精、在哪一天掛出自己的招牌時，列在開幕菜單誌慶的菜色。對這位廚師來說，一切都在當下。

「現在的話」，他說，「就是學功夫，做興趣。」

供餐時段，每當魯本要做一批醬汁，他都會把所需用量的香味奶油與紅酒濃縮醬汁加進一只平底鍋裡，快速加熱到小滾，持續攪拌以整合風味。綜合而成的冒著氣泡的醬汁，其主要風味來自於兩座獨立農場的農產品與加工品。擁有、管理這兩座農場的是兩位大不相同的人，而他們倆——宇宙級的巧合吧——都曾有志於布道……

溫克羅夫酒莊位於密西根湖東岸，距離芝加哥約兩小時車程。每天破曉時分，溫克羅夫的業主暨紅酒商詹姆斯．雷斯特（James Lester）會把自己皮卡車的油門踩到底，奔馳過九十四英畝的莊園，鳴著喇叭，拿霰彈槍對空鳴槍。他不是要趕赴戰場，也不是癲狂發怒。他這個讓人誤會的舉動，其實是一種訓練野生火雞與浣熊的人道方式——這些野生動物住在他產業周邊的樹林裡，而他這麼做是要牠們好好待在林間，別靠近葡萄。

假以時日，這些葡萄會變成他製作、裝瓶、銷售的紅酒。夜幕降臨前，他會重新來一遍。日子久了，總有浣熊沒聽進去，那他就會捕捉牠們，把他們安置到附近的另一片森林。

詹姆斯外表不像會開皮卡車或揮舞霰彈槍的人，更別說是開槍了。他那北歐風的灰長髮與鬍子一看就跟時代脫了節，而他身處的環境也只會讓人這麼想。他與妻子多恩（Daun）同住一戶兩層樓的房子，裝著貴重的玻璃窗，但如果把這棟現代的房子、車道對面低調的葡萄酒設施與品

愛在葡萄園：詹姆斯・雷斯特與多恩・佩奇（Daun Page）。
©Miriam Teft 2023

酒間、還有停在車道上的車都用魔術橡皮擦消掉的話，那現代世界的感覺就沒了影。

此處堪稱風水寶地：一片修剪得完美無瑕的低斜草皮，從土地上的住宿與商業區塊往外延伸，化為好幾畝排列整齊的棚架，架上小小的葡萄簇間距均等，得到無微不至的照顧。這裡的自然光十分迷人。白天，整片草地打上了宛如故事書的光線。晚上，隨著太陽落下，影子從草坪上的葡萄棚斜斜橫過草坪，直到夜幕低垂。

溫克羅夫的存在，很顯然就是為了種葡萄，以及生產並販售葡萄酒。與此同時，這家酒莊也是詹姆斯對於生態保育、植物營養，以及——沒錯——釀葡萄酒的信念的展現，而這些都是他經過深思熟慮與驗證過的想法。

詹姆斯是六〇與七〇年代的孩子，在華盛頓州柏衛（Bellevue）長大。他的父母嚴守基督復臨安息日會的規矩，不准詹姆斯和他的三個姊妹抽菸或喝酒，不能跳舞，連聽搖滾樂都不行。「除了教會音樂，其他免談」，他說。

雷斯特家要小孩講話用正確的文法（詹姆斯的母親教英文）清楚表達，還有幫忙做家事。小詹姆斯生性喜歡戶外，他主動要求園藝與造景家務，他媽媽也答應他，從他七歲那年開始把自己的熱情與知識傳授給他。她教詹姆斯關於植物、種子與授粉；他對杜鵑花屬非常入迷，少年時期甚至種出幾種雜交種。

「我很喜歡植物圍繞」，我們在酒莊散步時他這麼說。「植物不會回嘴，不會對你不好，對於我們的照顧反應也非常忠實。是一種讓人非常滿足的生命型態。」

詹姆斯原本要擔任神職人員，這條路如今看來可說是注定失敗。他與不少同時代的人一樣，抱持著懷疑的態度，對宗教除魅，尤其是對權威人物與既有制度。他搬到密西根，前往安得烈大學（Andrews University）攻讀道學碩士（master of divinity degree），會把自己不敢在家裡問的問題拿來問導師。得到的答案則難免是「這個麼，如此這般，就是這樣，不要質疑」的變化版——用那個年代的說法，這些答案讓他冷掉了。

「跟我的天性不合」，詹姆斯說。「我鄙視、討厭那些自己說了算，要我跟著相信的人。我自己有腦子。我很快就意識到我不會當神學家。」

從家長的限制中解脫後，他很快就培養出對葡萄酒的深刻敬意，尤其是法國葡萄酒。由於性情使然，他理所當然開始自己鑽研種葡萄與釀葡萄酒的工藝。也許他不是字典上定義的神學家，但在葡萄的這條路上，他無疑是位紳士葡萄農，也是哲學家葡萄農。因此，他在溫克羅夫做導覽的時候，不是從葡萄酒開始高談闊論，而是從更遠大的任務著眼，開宗明義便說：「我們農地擁有多元的生態體系，對此我們深感自豪。」

為了方便比較，他伸手指向地平線，指著隔壁只種玉米與黃豆的農場。重點在於，人家種的是基因改造過的抗農達（Roundup-ready）種子，對無所不在的除草劑有抗藥性。

「農達會跟土壤裡所有的礦物螯合，*像是植物需要的鎂與鐵等微量金屬元素」，詹姆斯解釋。「他得用人工肥料才行。」雖然這麼做能種出大量玉米與黃豆，但也會讓土壤變得不適合農耕或放牧。他認為，那類農場的土地等於變成單純給植物札根用的媒介，植物所需的養分無法從土壤中汲取，只能從肥料中獲得。對詹姆斯來說，溫克羅夫莊園就是要回應、駁斥那種非永

在溫克羅夫生產設施等待榨汁的葡萄。

©James Lester 2023

續、令人擔憂的農法。

「我們不能期盼可以一直這樣下去」，他說。「人類總有一天會從地球上消失。地力會漸漸恢復，微生物會重回土壤，但需要一段時間。」

另一方面，他表示我們人類從已經淪為鼻胃管的農業所種出來的食物中，是得不到適當的營養的。「我們是在傷害自己的身體」，他說。「當然，許多大企業靠賣基因改造種子、肥料、農達除草劑賺了上百億美元。他們用堪比柴油巨獸的牽引機來犁田。想想真是不可思議，人類決定種某種東西，同時摧毀成千上萬種生物的棲地，從土壤裡的細菌、蚯蚓、昆蟲族群，乃至於整個食物鏈，全都被搞得一團亂。」

假如你想問，到底這一切跟溫克羅夫的「壽」——用三種紅酒（卡本內蘇維儂、卡本內弗朗與梅洛）做出來的經典波爾多混釀（Bordeaux Blend）——也就是我們那道菜的醬汁基底有什麼關係，答案其實很簡單：這座葡萄園所採用的農法，背後是由這些同樣的價值觀所支撐的，也正是因為如此，才能種出風味與個性如此豐厚的葡萄。

「事實證明，你為了長出更好的葡萄所作的努力，就是對葡萄藤最好的照顧」，他

＊ 螯合會讓土壤中的營養成分降到最低，進而剝奪病原體所需的營養。

說。

這三種葡萄酒都是用厚皮（這是關鍵）的小粒葡萄釀出來的。為了讓葡萄長出厚皮，詹姆斯投入了嚴厲的愛。

「我不會慣壞我的植物」，他說。「我們都遇過嬌生慣養的人。他們往往被人寵壞，茶來伸手飯來張口，從來不用為了什麼而努力。他們待人很差，也很少培養出什麼美德。不像葡萄藤，它們得奮力找到自己需要的營養，這是完全不同的概念。」

因此，詹姆斯不給葡萄藤澆水或施肥。完全不給。他不只不用農達，也不會對葡萄架下的地面施用除草劑。這種農法的關鍵，在於為所有葡萄藤周圍保留大量的空間，讓它們能輕鬆獲得生命所需的陽光與清涼的微風。即便傾盆大雨，也會很快被土壤大口吸乾，葡萄則在陽光與風的微拂下自然變乾。（為了進一步利用這股自然之力，他們讓葡萄藤面向東邊，如此一來整天都可以沐浴在來自四面八方的陽光下。）詹姆斯限制每一條藤蔓上的葡萄簇數量，每簇間隔三呎——地底下龐大、吸收豐富**天然**養分的根系只需要提供養分給有限數量的葡萄粒。好的營養除了能讓果實長出理想的大小、厚皮與風味，還能幫助葡萄藤過冬，準備迎接隔年的生長季。

詹姆斯和我們那道菜種植其他食材的農夫們一樣，往往憑直覺行事，對他來說這就像是天賦的B面。「很多天賦會用興趣的方式呈現」，他說。「要是你對某件事情有興趣，那你很可能有相關的天賦。我覺得裡面也有天生的熱愛。你如果熱愛什麼，就會將許多注意力與**意圖**灌注其中。」詹姆斯天天花時間跟葡萄藤培養感情，練就一身功夫，能看出缺乏營養的跡象，通常是缺硼或鎂；比方說，葉子變黃代表鎂濃度所剩無幾，他會用瀉鹽（Epsom salt，硫酸鎂）噴霧來補充。

「這種鹽會從葉子吸收，一周之內葡萄藤就會綠很多」他說。「類似大家喉嚨痛會吃維他命C。」

另一種出於本能的農法是：詹姆斯、多恩，或是他們雇用的兩位農工之一從葡萄簇上摘掉葉子，或是剪掉不必要的藤枝的時候，他們不會丟掉，而是撒在棚架間，散成一排排，然後用特殊的除草機在上面推過，把它們打碎，讓它們更容易回歸於土壤。這不是釀酒的標準規矩，而是詹姆斯小時候做的家務的自我流改造。小詹姆斯的媽媽用小桶子收集有機廚餘，他時不時要把這些廚餘倒去田裡的堆肥堆，然後用釘耙翻動；對於堆肥漸漸變成肥沃的黑土，肥滿的蚯蚓盡情享受其中的營養，他感到驚奇不已。假如家裡土地上有哪株植物病殃殃，詹姆斯就會在周圍堆一點那種珍貴的沃土，然後看著它在幾天內恢復生機。

「這很像開密碼鎖」，他說的是種葡萄跟釀酒。「釀酒用的葡萄一定要來自在正確的土壤種類中開心長大的葡萄藤，有正確的營養素，來創造那些風味。種的人要盡責，要親自動手照顧，跟葡萄藤的自然韻律親密接觸，知道究竟該在何時收割，對每一株藤要有多少葡萄簇負責，對葡萄園和土地的健康負責，全部都到位之後才能釀出一杯上好的葡萄酒。」

「這跟那種書裡寫的概念不一樣」，他說，「就像要匯聚那麼多不同的東西才能造就一道菜一樣。所有這些元素也匯聚在一杯酒裡。」

每年成長周期的重頭戲就是採收，採收在每一座葡萄園的行事曆上都是重中之重。以密西根來說，黑皮諾（Pinot Noir）第一個成熟，時間在九月下旬。卡本內蘇維儂在十月下旬成熟，果實在變熟的過程中，顏色會從綠色變粉紅色，最後變成深紫紅色——這段時間稱為「轉色期」（veraison）。卡本內弗朗在此前後也會經歷一樣的轉變。（由於只有部分品種會變色，此時葡萄園上上下下都是紅綠相間，彷彿聖誕節來早了。）採收過程中，詹姆斯會一路品嘗，衡量每一種葡萄最好的採收時間：「果實成熟的過程中，酸味會減少，甜度會上升」，他說。「等到糖分堆積、酸味退去，**還有**風味帶起來的時候，**那**就是甜蜜點。吃進嘴裡會爆汁，讓你的唾液止不住分泌。」

每當有一種葡萄待收了，詹姆斯、多恩和他們的團隊，再加上幾名志願者，就會帶著手術級不鏽鋼斜口剪去葡萄棚，用大概半小時的時間摘下整排的葡萄。採收後的葡萄集中在二十五磅重的塑膠桶中，送往附屬設施榨汁、熟成，然後——部分酒種——混釀。

詹姆斯與多恩以手工的方式，在兩名全職工人（來自墨西哥的父子檔）幫手下，照顧六畝的葡萄藤。爸爸埃迪維爾托·「埃迪」·卡薩魯維阿斯·阿維拉（Edilberto (Eddy) Cassaruvias Avila），生於一九六〇年，是格雷羅州（Guerrero）小鎮波楚特拉（Pochutla）的人。他們家擁有一座小牧場，養雞、山羊與乳牛，種豆子跟玉米，主要賣給鄰居。六歲時，埃迪就開始務農，種植作物，幫牛洗澡。受教育不是最重要的事。

父親過世後，這家人各奔東西。埃迪維爾托當過營建工人，也做過工廠，但他很希望能讓妻子與兩個小孩過上更好的日子。一九八〇年代中期，快要三十五歲的他來到美國。

他的美國大冒險從紐約市展開，在布朗克斯（Bronx）一處大型公寓建築的小單位裡與另外五人同住。他在鬧區找到在餐廳洗碗的工作，每天搭畫滿塗鴉的地鐵通勤。幾年後，在長輩的囑咐下，他到紐澤西州特倫頓（Trenton）一家日式料理店工作。

埃迪維爾托對好萊塢版本的美國夢照單全收，結果備受移民生活的艱苦所震撼。

「你以為在美國日子會很好過，跟電影演得一樣，就是賺錢」，他說。「剛到的時候，什麼都沒辦法做，因為工作機會變少。我在公寓裡待了兩三個月，都沒工作。」幸好室友支持他度

埃迪維爾托·「埃迪」·卡薩魯維阿斯·阿維拉（左）與詹姆斯·雷斯特

©Daun Page 2023

過那段時間。

「當年來回往返墨西哥與美國很容易」，他說，就算對無證勞工來說也是。然而，在美墨邊境以北，大家始終對移民管理當局提心吊膽。突襲檢查是常有的事（往往肇因於匿名舉報），同為移工的人突然就不見了，八成是遭到遣返，連財物都沒帶走。結果，本來就不愛外出的埃迪維爾托幾乎不敢冒險上酒吧，或是到公寓以外的地方跟人社交。

過了四五年，短暫回過一次墨西哥（期間他和妻子生了另一個孩子），他跟著親戚去了密西根，在南哈芬（South Haven）一處農場找到工作。埃迪維爾托住在親戚的露營車。撐過了第一次中西部寒冬的洗禮後，他決心換更好的環境，從溫克羅夫莊園前任業主手中得到工作，同時向他們租下產業邊緣的一棟小屋。

今天，埃迪維爾托的職務包括照料葡萄園、摘葡萄、造景，還有榨汁、裝瓶設備與品酒間的維護。這份工作對誰來說都勞心又勞力。但他很幸運，除了膝蓋痛所以時不時要打可體松之外，沒受過什麼大傷，也沒有什麼嚴重的疼痛問題。而且，他**很享受**在戶外工作，不只可以讓他回到孩提時光，也能讓身體強健靈活。

人在美國，身為作家的我難得有機會在雇主開綠燈的情況下訪問農場移工，因為國內許多農工都沒有證件。就連提起這個話題，都有炸鍋的可能性。詹姆斯在訪談時提到葡萄園有兩名雇員，這時跟我們一起坐在品酒間外、原本安安靜靜的多恩突然補一句，很明確的說：「**有證的喔**。」機不可失，我得以安排訪問埃迪維爾托，並且另外單獨和他已經成年的兒子烏姆貝托．卡薩魯維阿斯（Humberto Casarrubias）有過對話。二〇〇〇年代初，埃迪維爾托曾向移民律師諮詢獲得工作許可的方法。律師建議他與美國女性結婚，或者提出擔保人，提交文件支持他申請許可。他當時還有在育幼院工作，此時育幼院經營者自告奮勇寫了信，幫助他獲得工作許可，然後是綠卡——對此，他認為自己很幸運；他認識的人當中，能夠像這樣取得文件的故事可謂少之又少。（他的兒子是其中之一。）

即便手握綠卡，二〇一六年總統大選期間還是讓他覺得「有點嚇人」，畢竟當時的候選人、後來的總統川普高唱反墨西哥的論調，但他個人從未遇過任何仇視。「我認識的人都很好」，他說。

百里香與迷迭香，也就是我們那道菜的其他重要食材，則來自伊利諾州芝加哥海茨（Chicago Heights）公路邊的斯密茨農場。（斯密茨在史蒂格〔Steger〕與比切〔Beecher〕也擁有並經營農場。）農場產業的邊上有塵土飛揚的停車場和一處農舍，還有一面鏤空字模噴寫的大紅色字母招牌，明白寫出本農場的主力作物與花卉。這個園區有貼著公路蓋的溫室，成排的香草（一共有四十種）延伸六百五十八英呎，直到產業的邊界。單用眼睛看，很難分得出不同的香草，畢竟都是從黑色塑膠布底下往上生長戳出來的綠色植物。

芝加哥海茨是座小城市，位於

斯密茨農場招牌。

芝加哥南方約三十英哩處，蜷在密西根湖與印第安納州界夾成的小角落，近到從農場就能看到印第安納州戴爾（Dyer）的聖若瑟堂（St. Joseph Church）的尖頂。對於這家農場的誕生來說，這也不失為貼切的隱喻，畢竟卡爾．斯密茨（Carl Smits）就像詹姆斯．雷斯特，本來也是要上布道壇的人。來自密西根蘭辛（Lansing）的他，前往大急流城（Grand Rapids）的喀爾文大學（Calvin University）就讀，打算成為神職人員或牧師，但大三時為了完成選修課的要求而上的土壤科學課，卻一下子把他甩去另一個方向。

「那是我上過最棒的課之一」，他說。「課上強調要是你打算務農，就得打造自己的土壤。多年來，農民一直從土壤裡獲得，卻從來沒有放什麼回去。你想要土壤健康的話，就不能沒有回饋。」

這門課跟他喜歡戶外活動，喜歡把手弄髒的天性頗為相合。畢業的時間點愈來愈近，他開始深思理想職涯的模樣。他考慮起傳教布道的可能性，把福音帶給另一個國家的百姓，也許是瓜地馬拉，他高中時曾經去過一個星期，相當喜歡那裡。他主修西班牙文，為這條路預作準備。他也很確定自己**不要**什麼：他不想在美國的教堂當牧師，老是關在屋裡頭。他的方向看來清楚：他想找個職位，讓他能彰顯他對神、西班牙語、戶外與土壤科學的愛，最好是在國外，但在一次牧師與傳教士的就業博覽會上，卻遍尋不著。

「感覺簡直就像神當著我的面『碰』一聲把門關上」，他說；我們坐在農場的辦公室，相隔疫情期間要求的六英呎距離。這是一次三人對話，第三人是他的女兒凱拉·比格（Kayla Biegel），負責斯密茨農場的行銷與社群媒體操作。卡爾身形精瘦，親切誠懇，即便是最私人的問題他也來者不拒，回答毫不保留。但他也讓我感覺是道謎：我能想像他穿上他曾經考慮的牧師袍，但也能想像他周末在教會籃球聯賽（疫情期間暫停）振臂投籃的模樣。凱拉散發著正面與年輕人的樂觀。老實說：我身為紐約人，而且又是無神論者，去到大城市地界以外的地方拜訪虔誠基督徒的時候，局促感常常會溜出來。但這種情況沒有在這裡發生。卡爾與凱拉是大方真誠的東道主，我們的對話輕鬆而親密，有時候甚至令我感動，像是卡爾講起引領他走到現在的那個職涯轉折時。

一九八九年聖誕假期，他居然碰上了堪稱頓悟的經歷：他拜訪未婚妻戴比（Deb）一家人，聽見戴比的父親（農夫）與兩個兄弟正在聊新的州法，規定園林廢物不能送掩埋場的事情。

靈光乍現，卡爾感受一個可能的呼召：把園林廢棄物，也就是大家打算丟棄的有機物拿來做農場用的混和肥料，讓土壤重獲生機，種出可以賣給城市的作物。他感覺到冥冥之中的牽引，但他不是農家人，沒有土地，沒有知識，也沒有設備。看天吃飯是出了名的無情，幾乎沒有容錯空間，而他得在這個行業從零開始。

戴比以往總跟卡爾說自己無法接受另一半是農夫。現在她叫卡爾去跟她爸聊聊，她爸也試圖說服卡爾，理由都不難想像：務農很累，賺不了錢，一場強烈風暴就能毀掉一季收成。但卡爾堅持自己受到召喚，要為土地付出，而不是布道，他的未來岳父還是給了他祝福。

「我感覺自己受召需務農，但我沒有地，沒有設備，家人都不是農業背景，我甚至沒有自己經營事業的經驗可言」，卡爾回憶當年。「我向神祈禱，希望神讓我曉得我該從哪裡開始耕種。」就這麼剛好，他在芝加哥海茨一條人跡罕至的索克鄉道（Sauk Trail）旁，找到了那塊後來成為斯密茨農場的二十九英畝土地，而那個機緣不過就是他從主要幹道國道30號（Route 30）拐了個彎。雖然當時有部分的地長滿雜草、樹木，還堆了廢棄輪胎，但**業主自售**的招牌好像在向他招手。他跟父親借了錢，向前業主「買下那片農地」（一邊講一邊大笑）。原本的業主是一對八十多歲的老夫妻，家族在一八○○年代公地放領後經營這片農地，如今他們身後已無傳人。（老夫妻得知卡爾打算耕作這片地，而不是開發成住宅時，他們大喜過望。）

一九九○年六月，他接收了第一卡車的園林廢棄物。他沒有設備能鋪墊這些散發臭味的東西。「假想你聞過最臭的糞肥，然後比那臭十倍」，他說。

他曉得自己得把東西埋進土裡，最終才能發揮其作用，於是他在八月購置一輛帶挖斗的二手小型拖拉機，以及二手的小型施肥機。正當情況逐漸好轉，庫克縣（Cook County）卻寄來一紙措辭嚴厲的禁止令，指控他在沒有許可的情況下經營掩埋場，揚言要開出**每天**兩萬五千美元的罰鍰。（卡爾的理論是，文字內容之所以那麼兇，是因為沒有針對臭味的法條，唯一能合法逼他關門的論據，就是把他的產業打成掩埋場，而非農場。）

卡爾．斯密茨與女兒凱拉．比格站在我們那道菜要用的百里香前面。

雖然他當時很害怕，沒有存款，也沒有別條路可走，才二十三歲的卡爾只能力爭。（他的經營計畫很簡單，就是靠園林廢棄物的收入撐過第一年。）他以前沒有聘過律師，只能請當地一位同情他的辯護律師替他辯護，這位律師告訴卡爾，只要卡爾做了所有必要的研究，他願意陪他上法院，替他辯護。但事情沒有走到那一步。卡爾和辯護律師在一九九一年一月來到法院，與州檢察官會面，然後面見法官，法官就把案子駁回了。

隔年，斯密茨農場開始種菜，有意把農產送去方興未艾的農夫市集。（土地面積的大小不足以種植穀類。）

卡爾認為一九九〇年代初期是芝加哥都會區農夫市集的黃金時代。郊區市集正在走下坡，但農民開始往城裡開拓市場，這是當時的新鮮事。消費者深受「購買在地」運動的影響，農民供應什麼，他們都來者不拒。那時的農夫市集沒有什麼美食攤位，農民也都很純粹，基本上是種什麼就賣什麼。

「農夫市集都是集體行動」，卡爾說。「絕對不會出錯。無論你帶什麼來賣，都可以自己訂價。」

大型溫室最近（現在是冬天）擺滿了東西，從大型拖拉機到黑色塑膠布都擺在裡面。但這絕對不是農閒期：迷迭香、百里香這種質硬的香草生長周期較長，會在一月時下種，先種在小盆子裡細心照料，直到五月第一或第二周，斯密茨和他的團隊確定最後一次寒霜已經過去為止，接下來，他們會把植株移植到田裡：田裡用築畦機堆起土床，然後用水輪（一個金屬輪子，上面有個三角形的突起，每轉一圈就會弄出一小塊凹洞）滾過去。每個凹洞都注了水，然後就換插幼苗下去。水跟土會變成泥，乾了之後就會把幼苗封在新家裡。第一批種到土裡的迷迭香與百里香，會在六月下旬收成。

凱拉管理收成的進度，採收團隊會在每周二早上四點三十分抵達。他們到田裡跪著以人工方式採收香草。他們會把枝條剪下，用橡皮筋綁起來。香草在包裝廠清洗後，送到冷卻室風乾，再由卡車運往農夫市集。（緣滿其實是有缺材料的時候才到綠城市場向斯密茨購買，而不是定期叫貨。）

我跟卡爾說我一直在想，我們那道菜用到的兩樣農產，栽種它們的人居然一開始都打算要「做事工」。

「我不是要多愁善感」，我說，「但你會不會覺得，這跟土地本身、或是照顧土地這件事是有關聯的？」

「我信基督」，他告訴我。「我選擇以不同的方式播種。我認為這是真的呼召。」

「你覺得你注定這麼做嗎？」

「我確實認為自己該走這條路」，他說。「我相信上帝會召喚人們來走祂要你走的路。不管是個大方向，還是切切實實的事情，我完全相信這種事情會發生。我深信，無論你在什麼位置——不管你是需要人安慰，還是缺一把扳手要跟人借——你對神都有用……祂不會只運用神職人員。祂運用農夫市集、主廚、農夫。**只要**你對此態度開放，祂就會運用你。」

第四章

班前會

Preshift

餐廳開門前大概一個小時左右，廚房與用餐區團隊會聚在一起，有兩件每日例行公事：一是家庭餐（員工餐），二是班前會（pre-shift）——有些餐廳的廚房會稱為「列陣」（*line-up*），或者乾脆叫做「供餐前會議」（*pre-service meeting*）。

用餐區團隊在接待當晚第一批客人之前，會在班前會中同步資訊。這就像是劇團演出前的集體熱身，或是警察局的點名。會議由潔西卡主持，在用餐區的西側舉行，職員們沿著那兒的桌子排排坐。每個晚上的會議都不一樣。星期二，潔西卡會檢討星期六晚班的筆記，泰麗不時穿插將本周餐點介紹給團隊，廚師們則把樣品端到桌邊讓大家品嘗。侍者在筆記本上做筆記，荷西一邊介紹自己為每一道菜選的搭餐酒。如果是其他天，班前會除了提出關於客人與特殊場合的特別註記之外，也會檢討前一晚出餐流程的錯誤，拿出來討論，並提出建議以避免重蹈覆轍。會中偶有訓練，此時潔西卡會要每一位侍者針對本周菜單的特定料理說一些敘述性的介紹，或者讓大家輪流品嘗某支酒，提供敘述用的關鍵字。

今晚的員工餐有蒸的鱈魚剩料、烤牛肉、沙拉、醬汁和什錦莎莎醬。除了晚上供餐前的備料工作，家庭餐也是湯瑪斯的任務內容。緣滿的晚餐菜單端視芝加哥一帶的農場有哪些食材而定，而員工餐則端視**餐廳裡**有什麼可用——剩的食材、多的乾貨等等。星期二，有剩的雞肉與茄子，搭配沙拉。其他晚上可能是大雜燴。有時候，他會買些不貴的東西，實現對員工餐的點子；比方說，手邊的材料足以煮出好吃的義大利麵，但獨缺麵，那他就會買一點。湯瑪斯會把員工餐的部分準備工作交給其他成員，尤其是魯本，這樣才不會耽誤自己當天太多進度。

員工餐做好之後，他會把菜擺上出餐台，然後喊「自己打飯！」其他人則負責發餐具，飲料桶（有水龍頭那種）裝滿冰水，玻璃杯跟餐盤擺好，然後呈打飯隊伍，自己舀菜，然後找張桌子一起吃飯。

湯瑪斯在密西西比州哈蒂斯堡（Hattiesburg）長大，距離紐奧良東北方大約一百一十英哩，是一座面積五十四平方英哩的城市。一九一二年開始，人們就稱哈蒂斯堡是「輻輳城」（Hub City，報紙徵名比賽誕生的暱稱），因為幾條重要鐵路都經過這個節點。

身為兩位離婚專業戶的兒子——他的父親赫克特（Hector）是律師，母親托咪・

安（Tomi Ann）是護理師——湯瑪斯在孩提時面對的挑戰更多：一九九四年，湯瑪斯五歲時，父母開始了檯面下的共同監護，也是在這一年他遭診斷出ＡＤＨＤ——對當時的哈蒂斯堡來說還很陌生，也是一種汙名。「我是密西西比人」，湯瑪斯說。「我們在世界上不算那種最進步的人。」儘管請了幾個家教，但湯瑪斯還是經常忘記交作業，成了班上的笑柄。他知道爸媽對此並不好受，尤其他爸是當地商業圈備受敬重的成員，對兒子有很傳統、保守的期許。醫生給湯瑪斯開利他能（Ritalin），然後是

副主廚湯瑪斯・赫倫澤用自己獨到的一套，追蹤用餐間的進度。

阿得拉（Adderall），最後是唯穩思（Vyvanse），至今他仍在服用。

十五歲時，他停止長高，醫生把問題歸結於藥物，並預測他長到五呎一就封頂了。父親赫克特堅持讓他服用生長激素，湯瑪斯把額外的七吋身高歸因於此。他最後長到五呎八。「有人笑我矮」，湯瑪斯笑得很陽光。「我覺得我是堂堂七呎之軀。」

小時候暑假時，祖母莎拉（Sara）白天會來照顧湯瑪斯——這段時間並不好過，因為爸媽時不時嘗試複合，雖然到最後還是徹底分開，而莎拉就是他的依靠。莎拉是密西西比州奎特曼（Quitman）當地人，湯瑪斯小的時候她已經八十多歲了，她很照顧湯瑪斯，湯瑪斯也很依賴她：兩人經常到連鎖自助餐「修尼氏」（Shoney's）大快朵頤，不然就是去湯瑪斯最愛的餐廳「沃德氏」（Ward's）——一家家族企業，三十多間連鎖店分布在南密西西比。他到沃德氏必點兩分辣醬乳酪熱狗和一份大號套餐，內含辣醬乳酪漢堡、炸薯條和自製麥根沙士。（幾十年過去了，這仍然是他最愛的餐點。）整體來說，他常常忍不住大吃大喝的衝動。他會在當地的鄉村俱樂部大啖烤火腿起司三明治，然後又到同一棟建築的另一側的另一個小吃攤追加一個漢堡；回想當年，他覺得吃就是自己一天裡最喜歡的時間。他從不懷疑爸媽對自己的愛，但如今他也意識到在人格養成的那段時光，自己是把食物當成某種替代品。

某天下午，湯瑪斯的祖母為了殺時間把他拉來做料理，打算按照線圈裝訂的金寶湯（Campbell's Soup）品牌烹飪書上的食譜烤隻雞，湯瑪斯就是在此時從單純吃的人變成做菜的人。雞一邊烤，這對祖孫團隊一面往雞上淋 SunnyD 柳橙汁，直到雞的內部溫度達到華氏二二〇度，比美國農業部的建議整整高了五十度。對於從烤箱出來的成品來說，比起餐桌更應該送去燒燙傷病房，但湯瑪斯回想當時仍懷念不已。

後來他父親再婚，結婚對象名叫瑪莉（Marle），瑪莉的弟弟埃文斯（Evans）跟著一起住，只比湯瑪斯大八歲。湯瑪斯很仰慕埃文斯，他是兄弟會成員，典型的帥氣大學生，但對埃文斯來說（湯瑪斯猜的），自己只是姊夫赫克特的小屁孩。

因為湯瑪斯的惡作劇與失敗常常讓家人相當生氣，於是接連把他送去幾間軍事化管理的寄宿學校，像是密西西比海岸的聖斯坦尼斯勞斯中學（Saint Stanislaus），還有張伯倫—亨特學院（Chamberlin-Hunt Academy），這些地方的同理心都相當有限。有一回他告訴舍監，醫務室已經沒有他的ＡＤＨＤ用藥了，誰知道舍監非但沒有出手相助，反而公開羞辱他，在食堂的白板上潦草寫上：**湯瑪斯．赫倫澤需要阿得拉和百憂解**（Prozac）。高二時，他因為大腿骨骨折，只能在學校裡拄著拐杖。有一回，他們班有人惡作劇，結果全班連坐，被罰繞著學校跑，一去一回。他本以為自己不用跟著跑。

「你也是，赫倫澤」，舍監大吼。「給我**撐拐杖**來回。」

他雖然照辦了，但也決心搞個自己的第八類除役（Section 8 discharge，原指軍人被判定精神上不適合服役），謊稱自己對於撐拐杖上下樓梯突然有了莫名的恐懼，全身無力。幾周後，學校就叫他爸把他接走。

回家之後，湯瑪斯在高三那年找到第一份工作，在裝瓶公司上班（Bottling Company）。裝瓶公司建於一九一五年，今天屬於哈蒂斯堡的歷史建築區（Historic District）。這家公司自己就占了一個街區，紅磚立面上噴著的可口可樂商標已經斑駁褪色，如今這裡是辦活動的場所，尤其是婚禮。湯瑪斯的祖母曾經在這棟樓裡當了三十年的秘書，他的父親小時候也曾在夏天時的生產線上做工。現在輪到湯瑪斯了。

埃文斯的摯友，裝瓶公司總經理布拉德．科內特（Brad Cornett）給了他唯一一個職缺，做廚房——湯瑪斯的入門契機。

出了家庭的環境，埃文斯變得比較喜歡湯瑪斯，在他脆弱的時候扮演起大哥的角色。高中畢業後有好幾年，湯瑪斯接連從幾所大學輟學，但工作卻風生水起。裝瓶公司提供標準的酒水，但廚房就是廚房，他還上了烹飪基礎的速成班，也得到長久以來得不到的正面回饋與肯定。「接下來就順風順水了」，湯瑪斯說。「就是簡單的漢堡……炸薯條。顧炸爐，白天就是經濟特餐那種。我跳過了從洗碗工到廚師的過程。」

他還發掘了自己積極主動的一面，只不過不是很道德：入夜之後，裝瓶公司就成了夜店，負責守門的湯瑪斯搞起了副業，沒收假身分文件，想索回的話每張要價五十元。

「那就是我長大的地方」，他說起這份打工。「我其實是在那邊〔裝瓶公司〕獲得大學經驗的。我學會怎麼喝酒，怎麼玩，怎麼平衡玩樂跟工作。我就是酒吧小弟。」

那兒是天堂，是解藥，讓這位年輕人從一輩子讀不好書的問題中解脫。他跟妻子布蘭妮（Brittany）也因此結緣——二〇一一年，他在裝瓶公司的姊妹店「酪店」（Milk Shop）當酒保的時候邂逅了布蘭妮。布蘭妮後來前往位於諾克斯維爾（Knoxville）的田納西大學（University of Tennessee）念應用數學碩士，湯瑪斯也隨她一起搬了過去。

布蘭妮是一股成熟的影響力，她敦促湯瑪斯再試著讀一次大學，不過他倒是選了烹飪學校，註冊就讀田納西大學與州立佩里西比社區大學（Pellissippi State Community College）合開的新學程。許多學生是受到電視節目真人秀比賽的血脈賁張所吸引，卻忽視了現實世界烹飪教育嚴格而乏味的部分。他那一屆錄取的三十五名學生當中，只有五人撐到畢業。學業和想像力與熱情相結合，鼓舞了湯瑪斯。他成績優異，第一個學期平均四．〇分，跟他過往的生命經驗截然不同。他把自己學期報告的照片寄給父親。

「多年來，我做的許多事情都是為了他的認可」，湯瑪斯說。「無論如何，這給了我很大的信心。」

下課後，湯瑪斯在黑莓農場（Blackberry Farm）有份好工作。黑莓農場是位於田納西沃蘭（Walland）的度假村，附設高檔餐廳，對湯瑪斯來說就像進修學校，讓他的手藝更上一層樓。後來湯瑪斯與布蘭妮搬到芝加哥，他就和緣滿二〇二一年團隊的許多成員一樣，疫情前原本是在降落傘工作的。他母親來降落傘用餐，看到他以副主廚的身分發光發熱，不禁淚下。之後換他的父親來訪，情緒反應克制得多，但湯瑪斯從父親的表情看得出來：「他以我為榮」，他說。「他逢人就誇我。」

回到我們的周六供餐時段，現在時間大概是九點十分。湯瑪斯和魯本完成八盤魚料理的擺盤，其中兩盤由努莎送到第十二桌，他們的下一道菜就會是**我們**那道菜。

一等那幾盤菜擺到出餐台，魯本就拿起裝醃酸模葉的 Lexan 容器，下樓去冷藏室補充材料，為接下來的夜晚做好準備。

「**你一開始說**要過來的時候，我嚇壞了。」這位是容恩．湯普林，胡桃南瓜永續農場的業主。農場位於密西根州斯特吉斯（Sturgis）郊外，是酸模葉的來處。我心裡一凜。畢竟我**想**看的是他農場的自然狀態。

「大概就像，**哎呀我得整理這個，我得整理那個**。然後我想到你是想看我們**本來的樣子**。我還是有點慌，但最後還是跟自己說，**不要動！**」

我鬆了口氣，幸好他沒有做違背本性的事情。

「雖然比其他農場亂一點」，他一面開始帶我到處看，一面接著說。「但這也是我們所做的一環。」

容恩說的是胡桃南瓜農場凌亂的樣子，我老實說，這聽起來比較像是一個人為宇宙的隨機性所獻上的農業頌歌。就算他自負，也不會以秩序的方式來表現。這座農場是一片片蔓生的田地，各種植物與雜草彼此交織，但一切都是有意為之。

「我喜歡東西走自然風」，他說。「很多農場種東西就是直直種，沒有雜草，什麼都沒有。但這就扼殺了生物多樣性。我認為生物多樣性非常重要，畢竟不是所有雜草都不好。我們不希望影響作物的產量，但我們也不想花太多時間去移除某些不必然是壞的東西。」

這招產生了效果。容恩和他的小團隊，從147號州道（Route 147）旁距離掃格湖（Sauger Lake）不到半英哩的這個雜亂地方種出來的農產，就連最吹毛求疵的主廚都感到滿意。格蘭特・阿查茲（Grant Achatz）——現代主義料理界的奧茲國（Oz）、即Alinea餐廳的幕後魔法師——就把胡桃南瓜農場所有的番茄全包了。這一點尤其讓人啼笑皆非，畢竟阿查茲的手法靠的就是精確：食材以公克計，

容恩・湯普林站在他的其中一處溫室。

烤爐溫度精準到度，烹調時間算到秒，就跟奧運短跑選手一樣計較。但他用的番茄卻是從一堆像是野戰醫院的溫室裡種出來的，你得在一片綠意中，像找復活節彩蛋那樣翻找番茄。

容恩在二〇一二年成立胡桃南瓜永續農場，不過他們家耕種這塊土地已經有四代人的時間了。（容恩小時候住的房子，如今仍屹立於產業的另一端。）容恩在印第安納州歌珊學院（Goshen College）攻讀生態農業，而點燃他對於永續農業興趣的，則是某一年在梅瑞里環境學習中心（Merry Lea Environmental Learning Center）的生態研究站雷斯村（Reith Village）度過的夏天，這個中心同樣是歌珊學院的附屬單位。

容恩跟洛伊・尼可士、卡爾・斯密茨與詹姆斯・雷斯特不同，他受過正規農業教育，但他大部分的作法卻得自於試錯、直覺與實驗。他跟洛伊・尼可士有一點很類似，栽種的作物種類令人目不暇給——走過這片面積相對較小的土地，他能夠用手指出從番茄到黃瓜到茄子到我不曉得到底有多少種的甜椒再到草莓和燈籠果。他不是香草專業戶，但也種了不少，像是香蜂花、牛至、夏香薄荷與紫蘇。

生命在此循環不息。在這個八月的早上，春種大頭菜、瑞士甜菜與萵苣才剛採收清洗，方正的田裡長滿了雜草，幾呎外則是接下來要播種耕作的新田。容恩的團隊其實已經在上星期整理過，但周末下了三英吋的雨，所以需要重新整理。

「近五年的氣候實在太不規則了」，他嘆到。「規劃變得難上加難，現在不像以前天氣都是慢慢轉變。今年都在下雨。現在天氣是從超級乾跳到超級溼，中間沒有過渡。」面對這種不穩定，就少不了即時調整，而農場裡一百五十多種作物帶來一點點的餘裕。只要哪一種歉收，就代表時間和勞力白費了，不過要是一種沒了，還是有其他種能幫助農場撐過去。

容恩對於農法沒有特別鑽研，寧可藉由觀察與反覆實驗來找出自己獨有的耕種風格。感覺很激進，但實際真是如此嗎？他沒有對土地乃至於植物施用任何有害物質，甚至可以說，唯一重要的試驗，就是這裡種出來的東西要怎麼吃而已。

這座農場的明星是番茄，占了不少媒體版面。（《芝加哥》〔*Chicago*〕雜誌稱之為「中西部最令人趨之若鶩的番茄。」）盛產時，團隊每周會裝大概一百個十磅箱子的番茄，送往城裡的餐廳。胡桃南瓜也有不少收入來自容恩口中「可食用花與裝飾類的東西。」光是水田芥，每星期就有好幾千元的收益。

許多以供應餐廳為主的農場，至今仍未從新冠疫苗尚未出爐的那段時間恢復過來。就算改做外帶，也無法替可食用花創造足夠市場，而且使用這類材料一下子變得好像很浪費。「你不能把水田芥放進外帶盒，一下子就爛了」，容恩說。

另一方面，在疫情高峰期，周邊城鎮在周末都會人口大增——有錢的芝加哥人與底特律人（斯特吉斯跟這兩座城市的距離差不多）此時可以遠端工作，於是湧向外地。他們很願意比要價多出上萬美元——而且是付現——在能夠遠離疫情、又有湖畔微風消暑的地方買第二個家。當地消費者買的原本都是些基本食材，像是小黃瓜跟紅番茄；如今這些初來乍到、習慣在高檔餐廳吃飯的城裡人，換角色自己當大廚，開著豪車出現在胡桃南瓜

胡桃南瓜永續農場的農工以手工方式採收燈籠果。

的周六農場攤位，搶著買條型的原種番茄與陌生的蔬菜。到了二〇二一年七月，農場業績每周都有成長，容恩也開始把注意力從ＣＳＡ業務轉向擺攤。

平常胡桃南瓜農場最貴的番茄要價每磅美金四塊半。這價格感覺很誇張，但這些番茄可不是要拿去切丁、煎炒做醬汁或肉湯底的配角。胡桃南瓜的蔬果都是大牌女伶，出現在那些靠它們高人一等的風味才能成功的菜餚中。

胡桃南瓜根據外觀，為需求量最大的一些農產品分級：例如已經出名的番茄就有分**一等**、**二等**或**三等**。一等品近乎完美——接近圓形，基本上沒有損傷；餐廳不會把這種等級的番茄拿來煮，而是用某種手法利用，凸顯它們的番茄味。二等品則是靠蒂頭的地方有小凹痕或裂紋，或者太小或太大，就算薄切也搆不到雅致的水準，通常最後會出現在三明治裡。三等則是外觀畸形，甚至有稜角，下場則是丟進食物調理機或處理機，打成西班牙冷湯（gazpacho），或者過濾做成番茄水。

在胡桃南瓜永續農場的時間宇宙中，星期三——配送日——就等於是太陽，其他天則圍著星期三轉。周三早上，容恩會在接近中午時親自駕駛貨車，開大概兩個半小時的車去芝加哥，挨個兒拜訪餐廳客戶，把自己從種子或育苗階段照顧到現在的食材送上門。

每逢周一，團隊會檢查大顆的作物，看周末過去有沒有哪裡長歪，在番茄和黃瓜長太大之前先摘下來——果實一旦長到最大的尺寸之後，就會開始死亡。

相較於尼可士那種跨世代發展的農場，胡桃南瓜農場的規模只能算是小咖。因此容恩只雇用一小批人手，通常是本地高中生與大學生。許多農民會雇用無證移民，從雇傭這件

用來妝點我們那道菜的酸模葉，是在商陸葉的陰影下茁壯。

事得到經濟利益，但榮恩拒不如此。「我信奉的其中一件事，就是永續農業不只要照顧環境，也要照顧企業的整體。善待員工，支付合理薪資，是企業模式重要的一環。」

類似的承諾會影響食材價格，食材價格則反映在餐廳對於一道菜或是整套餐的訂價。有時候，小農與小生產者之所以成本較高，純粹是因為他們的購買力相對較弱；比方說，相較於大企業競爭者可以大量採購，得到大幅折扣，路易斯姜・斯萊格花在紙箱上的錢就是高很多。選擇支持當地農民、向他們購買的餐廳也會讓自己陷入競爭劣勢，畢竟其他餐廳可以跟全國性公司或餐飲設備折扣倉庫購買比較便宜、新鮮與原型程度也較低的肉品來裝滿自己的冷藏室，導致自己的價格和人家一比就顯得高不可攀。

叫貨的方式很簡單：最晚在周六下午五點前，一份產品清單會透過電子信件寄到餐廳客戶手上。至於一項農產品是否進入清單的標準，則是看訂量：假如當周每一間餐廳都會下單，而產量也能滿足每一筆訂單的話，他就會放上去。假如產量減少，就像這周的茴香，他就不會放上清單，直到下一批收成再恢復。

有些餐廳固定每周收貨。至於其他餐廳的訂單，則是在產品清單寄出去之後幾乎立刻湧入，不分日夜。有的是回 email，有的是開新郵件，有的是傳簡訊。生長作物的土地中間有一間不起眼的水泥小房子，用來當作包裝設施，房子牆上裝了一塊白板，各家的訂單就用快乾麥克筆寫在上面。每天早上，容恩會把晚上湧入的訂單寫上去，而這決定了團隊當天要摘什麼；出去採摘之前，每一位團隊成員會把自己的姓名縮寫寫在品項旁邊，讓別人知道有人正在進行，以免重複採摘。訂單完成、打包、貼上標籤、標上日期之後，容恩會用黃筆標示，等到裝進餐廳各自的貨運保冷箱之後，再用藍筆標示。

周一、周二與周三是最漫長累人的日子。只要可以提前採摘的，就會提前採摘，存放在包裝間的冷藏室。（這裡的包裝設施清楚體現出獨立農場的普遍真理：想方設法把所有機械、電子設備與機器拿來用，或是找出新用途。這裡有一架風華不再的老洗衣機，裝上大型塑膠籃，用來當離心乾燥機；包裝間一端的溫控冷藏室，降溫的方式則是一台窗型冷氣，裝在牆壁上的開口，用急就章的方式「騙」它不停運轉，把溫度降到冷氣設定的溫度之下。）但直到明訂的下單截止時限，也就是周二早上七點前，訂單都會不斷進來，何況主廚就是主廚，有些單會在時限後姍姍來遲，容恩會盡力辦到，甚至是在貨車離開前往芝加哥市前派成員去田裡摘。

胡桃南瓜農場賣農產時以磅為單位裝袋。這是一種表達永續性的無私行為：許多餐廳不假思索整箱整箱訂，很容易有剩，最後不是變成員工餐，就是進了垃圾桶。照容恩的作法，假設一家餐廳訂七磅黃瓜，不算多。但不會有浪費，容恩也寧可少賣一點，而不是超賣。

周三與周四，團隊會替ＣＳＡ的蔬果箱，以及胡桃南瓜在卡拉馬祖與南灣（South Bend）服務的幾間餐廳而採摘。

周四與周五，容恩與團隊會照料農地，為下一周做準備。偶爾他們會在這幾天送第二趟進城，為少數顧客補充香草或其他品項。夏末番茄大出時，他們也經常會多送一趟。

周日只有一名雇員輪班，一名女員工會來採摘南瓜與黃瓜一整天，畢竟這兩種過一個晚上是可以長好幾**英吋**的。

就像稍微北邊的詹姆斯．雷斯特，容恩也深信植物要有壓力、竭力生長，才會結出上等的蔬果。用人來比喻的話，就是時窮節乃現，有逆境才能發展品格。容恩自己用葡萄酒打比方，提到義大利的紅葡萄藤必須在嚴酷的火山土蜿蜒生長，才能產出口感紮實的果汁。因此，這位善良、溫柔的人不讓他的蔬果好過：「只要番茄〔藤〕開始結果，我們就幾乎不會再給它水。」

自由放任的蔓生哲學，讓雜草逃過一劫。許多農民對於自己完美方正的田園感到自豪。胡桃南瓜農場雜亂的樣貌有可能會嚇到訪客——無論是專業同行還是園藝愛好者，光是看到一株雜草就會臉色發白，何況是到處怒放呢。容恩本來也是，但他已經過了這個階段，然後也習慣不去介意。

在農場的住宅區一端，架了許多拱形溫室——鋼架上覆蓋塑膠布，可以像窗簾那樣拉起來或放下來，端視要增加或減少多少風流入而定。但這些遮蔽不是為了保暖，而是為了阻擋溼氣：生物學出身的容恩在入春之後就不給番茄植株澆水與施肥，但他還是會照顧番茄生長的土壤，以減少疾病。

「農場多半會擔心產量。我們產量不到頂，但我們的產品更好，價格也可以開更高」，他說。「而且我們的顧客就是想要更好的東西。他們很多有米其林星星，很多是詹姆斯．畢爾德獎項的主廚——他們都是我們合作的對象。」

我們遇到了我們那道菜使用的酸模葉，在大片商陸（poke）葉的陰影下茁壯。這座農場不賣商陸——商陸生長久了之後會結出有毒的漿果——但容恩奉生物多樣性之名准其生長。只要漿果冒出來，團隊就會把它們修掉。

容恩撕了一片酸模葉遞給我。我咬了一半，一股強烈的檸檬味喚醒了我的味蕾，就跟我第一次品嘗我們那道菜的時候，那股出奇不意潛藏的酸味一模一樣。

「永續」一詞很時髦，妙就妙在十個人會有十種不同的定義方式，即便都是飲食專業人士也同樣分歧。永續隱含了在地、無農藥、生態責任食物的意思，但根據《牛津英語辭典》（*Oxford English Dictionary*）的定義，單純就是「能維持在特定比率或水準」。

「對我來說，『永續』是對企業的全盤考量」，容恩如是說，永續重要到他讓這個詞成為農場名稱的一部分。「永續是照顧員工，照顧顧客，照顧產品，產出美好。我們其實是取之於大地，但——雖然聽起來有點嬉皮——我們也試著回饋給大地。」

這意味著要做出決定，像是每年都要鋪灑好幾頓的堆肥，為蜜蜂留下雜草，還有放過不可食的花。我們在農場裡蹓躂的時候，他抓了一把乳草（milkweed）。「就像這些：為了帝王斑蝶，我就放它長。讓東西保持原樣，創造自然棲地，但也能同時從中得到產量。」

因為距離湖很近，每年冬天考驗這座農場的風霜有限，創造出比南灣與卡拉馬祖乾燥的微氣候。風雪帶停在大約十五英哩外，夏季風暴多半也會跳過斯特吉斯，容恩覺得這可以接受。

「水太多比乾燥更難辦」，他說。「乾的話，我們還能澆水。」

小規模獨立農場，就跟獲得它們供應的餐飲業一樣高風險。「每八座農場大概有六座在五年後就做不下去了」，容恩說。新冠疫情之前，這座在當時邁入第八年的農場正將財務指標推向黑字，但疫情是殘酷的。政府的援助讓農場可以繼續經營，包括替幾名重要員工付薪水，容恩把日常事務交辦給他們。與此同時，他則窩在家裡，為之後發想出更有效率、更能獲利的作法：他的農業重整模式。

此外，容恩的熱情就跟他在餐飲界的同道中人一樣，不會為他帶來更多的休息時間、足夠的收入與好處，甚至造成職業傷害。有些作物早在二月就要播種，之後一直到十二月都有東西要從地裡收成，因此一月就成了放長假的唯一機會。加上他的生意與員工都有季節性，他在本該是淡季的冬天，自己攬起大部分的工作。

夏季，容恩雇用大概七名全職工人。工時並不固定，固定的只有上工時間：所有人在早上七點報到，沒有人在當天工作完成前先走。下班時間可能是晚上七點，甚至忙到半夜，尤其是星期二，因為隔天要出貨給芝加哥。（周二的話，大家早上六點就要到。）

容恩自己送貨，從主廚埃里克・威廉斯（Erick Williams）在芝加哥南區（South

Side）的維邱餐酒吧（Virtue Restaurant & Bar）到北邊的洛根廣場，中間要停二十來處。定期與主廚見面，讓他有機會蒐集對於農產或農法的回饋，同時盡可能擠出主廚想找什麼的意見，像是莖的長度、顏色、大小等等。只要他能找到，或是能在農場裡種出來，他就會去做。

親自送貨也讓容恩有機會跟主廚一起檢視當周的農產。比方說到了緣滿，泰麗會帶他到出餐台清空出來的地方，讓他把保冷箱的東西拿出來放，讓泰麗有機會檢查確認。此時他還能提醒泰麗一些即時資訊，例如要是有風暴即將來襲，可能會導致某種食材在下周短缺。

他也很喜歡跟主廚們聊天，因為他私底下就是廚藝愛好者。「大家都說我該當個主廚」，他對我說。「但我不想把休閒時的享受變成職業。這讓我能從事一些跟這個產業有關的事情，但地點不必在我每天煮飯的地方。」

我問容恩，在他夢想中的餐廳裡，他想煮哪種料理：像格蘭特．阿查茲那種現代主義的概念，還是偏質樸一點？

「簡單、質樸」，他說。「讓蔬菜自己表現。我喜歡這裡的其中一個原因，就是我走出門就能得到我想要的所有材料，做我想做的東西。」

第五章

出餐

Service

回到緣滿，供餐服務強度持續提高，這個周六夜有很多預約需要消化。人在出餐台旁的泰麗掃視廚房區，監督珍娜、魯本與湯瑪斯的進度，幾人則分別處於不同料理的不同階段。

今晚有幾桌客人遲到，增加了廚房的壓力。泰麗盡其所能，讓手下的團隊不停運作以防塞車——除了廚房會塞車以外，也怕有更多訂位的客人在櫃檯大排長龍。音樂播放清單幫助氣氛保持放鬆，現在正播到「狐蝠」（Fruit Bats）樂團粗獷的〈詐騙山歌〉（Humbug Mountain Song）。

「湯在跑的時候就自動下」，她對湯瑪斯說。翻譯如下：「不用等我開口。清湯都離開出餐台送到餐桌時，讓魯本接著替下一桌做開胃菜。」湯瑪斯點點頭，用前臂擦了擦額頭，拿起自己的水瓶吞了一大口水，然後深呼吸。不能在鬼混了。

有這麼多道菜各自處於不同的備餐階段，除非你就是負責崗位的人，否則不可能精確破譯出哪一個崗位進行到哪。所有的爐子、烤箱架，乃至於料理台上的每一吋空間都有人要用。廚師們不停在動，只有在快速尋一遍自己負責的所有內容，回想接下來需要把注意力放在哪、什麼最要緊的時候才會稍微停下。整個場景就發生在與饕客的歡笑只有幾英呎距離的地方，這一幕就叫做「壓力」。不過，只要你留心注意，每過一會兒就會捕捉到有其中一位廚師給自己一個微笑。這就是他們生活的目的。

強尼和泰麗一起站出餐台。此刻他最好的作法就是稍微放手。熱食區沒有空間再塞一個人，而泰麗跟她的團隊溝通正順暢。

即便處於這個棘手的瞬間，泰麗仍然有責任要控制出餐品質。所以，她會給予即時回饋，像是她注意到要送到同一桌的幾個盤子裡，鱈魚的分量有差異的時候。「有些太薄了」，她告訴湯瑪斯，湯瑪斯則點頭示意收到訊息。

泰麗・普羅謝漢斯基在供餐期間支援出餐。

行政主廚（chef de cuisine），簡稱CDC，在多數的餐廳是讓人垂涎三尺的位子，既擁有創造的權力，又不需要為了經營而失眠。有得必有失：媒體的鎂光燈通常對準的是主廚業主（chef-owner），有些CDC恐怕會埋怨。但泰麗生性害羞。小學時，每當被叫起來發言，她都會嚴重發抖，老師只好留她在下課後單獨表達意見。多年之後，她才發現問題源於閱讀困難，在後知後覺發現自己必須眼鏡不離身之後才有所緩解。此時，她的自我認知已經扎好根。泰麗不再**苦惱**——看她在用餐區對團隊就本周菜單做簡報，你會覺得她的自信至少有平均值——但對於同行們可能會使出渾身解數爭取的邀約或各種機會，像是螢幕曝光、烹飪研討會發言時段，甚或是接受採訪或出現在書裡，她並不熱中。

泰麗的職涯和緣滿、整個芝加哥，甚至全世界的同行一樣是個意外，或者至少算是B計畫、C計畫甚至D計畫。這倒不是說一路走來沒有任何跡象，許多廚房子弟的來時路上都有跡可循：泰麗在伊利諾州漢普夏長大的過程中，會幫媽媽準備晚餐，跟奶奶烤餅乾，催留宿的客人幫忙烘焙。聖誕節的時候，她會加入家裡的波蘭餃子（pierogi）生產線，幫忙從無到有做出各種波蘭節慶必備菜色。但她從未考慮過以此為業的可能。

漢普夏是個占地大約十平方英哩的村子，位於埃爾金（Elgin）西北，芝加哥則在大約東南方六十英哩。泰麗長大的歲月裡，漢普夏還沒有設立行政區。好山好水。好無聊。有些細節幾乎會讓城裡的人忍不住搬出來當成笑話講。舉個例子：假如你或親人受了重傷，心跳驟停，或者逃出被火吞噬的建築，要找救護車時……你得先撥「0」，再請總機幫你轉接「911」。有時候連當地人都忍不住大笑：一天下午，我在緣滿觀察備料，泰麗和湯瑪斯因為都在小鎮教養環境中長大，關係特別親。他們彼此較勁，拿老家一連串的怪事高來高去。最後泰麗講了她高中的年度活動——**開你家的拖拉機上學日**，輕鬆取勝。

泰麗婚前本姓是斯德克（Stecker）。在她一歲生日前，爸媽帶小孩（泰麗和兩個姐姐）搬到新家，她就在此長大。她的父親從十五歲開始當泥水匠，是家中唯一的收入來源，工作之餘還要打些零工貼補家用，每周要幹八十到一百小時的體力活。他不會整天不回家，但每天早上四點半就要起床，接著是體力勞動馬拉松，因此吃完晚餐就非得就寢不可。

因為手頭拮据，所以斯德克家的女孩自娛的方式，是騎腳踏車、釣魚、在附近池塘抓牛蛙，還有在鄰居家的窗戶井找蟾蜍和蠑螈。一家人每年會有一次露營假期。

小時候的她是什麼樣子？

她回答：「我覺得這問題很難。」她坐在第十桌，跟我面對面。第十桌離廚房最近，是白天的非正式、無圍牆員工會議用桌。「我算不上笨，但閱讀造成我的困擾，讓我感到不自在。除此之外，我算是外向、傻氣。」

七月二十四日星期六一早（本書描寫的供餐過程就發生在這天晚上），泰麗開她的黑色雪弗蘭 Equinox 來接我，我可以跟她一起前往綠城市場，她要在那兒跟湯瑪斯碰頭，替這個星期的最後一次營業補充一點食材。我們在隆隆引擎聲中穿過芝加哥清晨寂寥的街頭，車上的音響流瀉著威利・尼爾森（Willie Nelson）一九七三年專輯《快槍威利》（*Shotgun Willie*）的嗡嗡鼻音。這讓我一下想到，儘管泰麗在大城市取得了這些成就（大概一周前，餐飲業新聞、八卦、專題網站「吃貨芝加哥」〔Eater Chicago〕寫了她的人物報導），其實我們距離她成長的地方也才五十多英哩，而她身上還保有養成自己的老家那種社會氛圍。（這在芝加哥料理界並不罕見，畢竟圈內有不少人來自伊利諾州與附近密西根州、俄亥俄州、肯塔基州與印第安那州鄉下。）到了農夫市集，她跟芝加哥城裡人不一樣，無須費勁跟農民用生硬的方式套關係：她對自己認識、喜歡的人很親切，但有間農場擺攤的人直接拒絕採用某種常見的請款方式時，泰麗也能臉色瞬間一冷，好像人家是高中死敵。她還保有鄉下人的實在。從市場開回綠滿的路上，她想起這周稍早前我們的對話，當時她告訴我：自己小時候完全沒有嗜好或休閒。適才和市集中的農民相處之後，她重新考慮了這題的答案。

「我想表達的是，在我長大的地方，人家不喜歡你膨風」，她說。「但我還是有玩一些東西，像是滑雪板、打獵、釣魚。」她還打正規壘球打到十七歲，說自己打擊很強，而且外野跟二壘之間都是她的守備範圍。高中畢業後，她跑去離家二十英哩的狄卡爾布（Dekalb），在北伊利諾大學（Northern Illinois University）讀了一個學期，順著對數字的天分，踏上商業會計之路。但，這條路走不下去。她在高中時成績不是A就是B，但她不喜歡大學的環境，表現差強人意。差不多在這個時候，她第一次感受到一種無形的拉力，帶她離開舒適圈，彷彿被一道「牽引光束」揪著走——隨著小鎮女孩長大，這道光束就會鎖定她們，把她們拖向隨機的職業（在她心裡以為那扇門拉開後會是做美髮），或者登上神聖的祭壇——一條直通結婚生小孩的專用道。她說不出口的是：許多朋友同儕選了這樣的生活，她自己也覺得沒什麼不好。但她自己想走不同的路。她試著去埃爾金社區大學（Elgin Community College）上攝影課，認定自己缺乏對影像的直覺或天分，於是把攝影從心裡面的清單刪掉了。營養課引起了她的興趣，但她沒有所需的學分，無法到芝加哥的伊利諾大學攻讀這個學科。不過，這個念頭加上她對家常料理的嫻熟，讓她當時的男友建議她念烹飪學校，為她帶來入門的契機。二〇一一年，二十二歲的她獲得肯德爾學院錄取。她還沒有意識到，自己的職涯道路已經設定好；在肯德爾的第一周學習刀法和其他基礎知識時的得心應手，提供了她所需要的一切鼓舞。

至於校外實習，泰麗得到了人人想搶的黑鳥餐廳開的兩個名額。黑鳥是主廚保羅・卡恩與合夥人多尼・瑪狄亞（Donnie Madia）開的第一家餐廳，後來他們繼續共同創立了多角發展的期會餐飲集團（One Off Hospitality Group）。她在黑鳥認識了大衛・波西（David Posey），這位主廚後來成了她第一位也是最重要的業師。通常這種關係會高於雇傭關係。廚師總會在某個時間點稱呼自己的上級是「主廚」（Chef），但有些導師與學生的紐帶會持續一輩子，跟親子關係不無相似處。有些大人會一輩子叫自己的父母「媽」跟「爸」，已經出師了的主廚一樣會繼續稱呼自己的業師（們）為「主廚」。（沒有要文化挪用的意思，我一直認為在這個脈絡下喊的「主廚」，換成東亞的尊稱「先生」也很貼切，結合了長輩、專家與教育家的意涵，而且適用各種職業訓練光譜。）

餐飲學生第一次踏入專業廚房的過程，堪比從新兵營跳到實戰，或是從飛行模擬器換到噴射客機，差別只在不會出人命。理論與實際之間隔著鴻溝。從新手過渡期的順利與否，來預測他們之後長期下來對於餐飲工作與生活是否適應，是個可靠的指標。泰麗上手很快，無論是特定的廚房要求，還是現實世界裡為付費的顧客烹飪的風險，她都能應付。黑鳥當時的廚房團隊聚集了未來的明日之星，就像喜劇影集《公園與休憩》（*Parks and Recreation*）的卡司，或是喬恩・史都華（Jon Stewart）時期新聞諷刺節目《每日秀》（*The Daily Show*）的固定記者班底。許多當年在廚房裡默默辛苦工作的人，如今都在各州經營自己的事業，像是珍妮佛・金（Jennifer Kim，現經營芝加哥的「另類經濟」〔Alt Economy〕餐廳）幫忙訓練泰麗，而泰麗也跟萊恩・菲佛（Ryan Pfeiffer，現為芝加哥「大孩子」〔Big Kids〕三明治店的主廚兼經營者，這家店從緣滿走路就可以到）以及凱爾・柯特（Kyle Cottle，現為「烏賊」〔Sepia〕餐廳行政主廚）共事過。

不知為何，多數的新進廚師會發展出對一種或多種特定任務的喜好，宛如動物的本性；泰麗不由自主喜歡上清理脆弱的食材——像是揮舞著她的削皮刀，在粗麻布色、嬌小玲瓏的雞油菌表面來來去去，或是庖丁解牛般把小牛胸腺從筋膜中取出。

對於在黑鳥餐廳見習的人來說，不一定保證有參與晚餐出餐的機會；一些與泰麗同時期的見習生從來沒有機會離開板凳。但泰麗有替補過，包括在周六晚上，廚房要為一百五十席出餐的時候。她被派去做冷盤（*garmo*）——在黑鳥叫開胃菜（*amuse*）——在多數廚房都是基礎的出餐崗位。泰麗覺得這家餐廳的工作環境大家都願意相互支援，但工作很吃重。初學者會被耐心指點該做什麼，接著就會期待你出十分力。她實作的前幾個小時，感覺到波西在監督自己的一舉一動，手抖個不停。「呼吸就好」，其他廚師小聲叮嚀。日子一久，她開始負責餐點從頭到尾的準備流程，包括：小牛胸腺；冰鎮水煮明蝦佐雞油菌、火烤洋蔥和肉豆蔻奶油；以及小羊肉韃靼，她要從帶骨的羊肉開始清理、切肉。

「我想，最一開始就在那種廚房裡，讓我變得皮厚血多」，泰麗說。「當時不覺得，但現在曉得了：他們對我很放心。」

主廚大衛．波西身材高大，氣質陰鬱。他肌肉結實，下巴滿是鬍渣，有著橄欖球員粗獷的五官。他吝於說話，許多人（包括泰麗的丈夫，彼得．普羅謝漢斯基〔Peter Ploshehanski〕，也是同行，曾經為波西工作過）一開始都覺得他既粗魯又嚇人。泰麗童年時的父女互動——她的父親不只天性內向，而且在抑鬱與焦慮中掙扎——讓她能感知到不一樣的地方：「我感受到的是矜持」，她說。「身邊出現這種人，我也不覺得焦慮或不自在。我工作的時候不大愛講話。大衛有點社恐，我也有點社恐。我們能相互理解。」

泰麗想學屠宰，想學到甚至在假日也進廚房。*她先找兔子和鴨子等小動物下手，彷彿剛出道的連環殺手。等到感覺準備好了，她便告訴波西，自己想學如何分解全隻動物——對任何忙碌的主廚來說，這都是個不小的要求，但泰麗覺得自己對波西有些了解：「他很嚴厲，但也超級照顧人，超有耐性。只要你對什麼表現出興趣，他就會確保你去接觸到那項工作。」

「好吧」，主廚說，接著下達一道足以特別做件 T-shirt 的指令：「去拿你的山羊肉。（Go get your goat.）」（當時，餐廳裡正好在屠宰山羊，用來作油封料理。）在專業廚房裡，知識就是以這種方式傳遞下去，即便都是上過烹飪學校的人也是一樣。周二下午的緣滿，強尼向湯瑪斯示範怎麼切出前腰脊肉並修清。到了周三，泰麗打斷湯瑪斯的備料，幫他進一步磨練技術，示範如何把筋膜拉得**超緊繃**，然後以更長、更順的方式貼著肉運刀，在盡可能少連點肉的情況下把筋去掉。

泰麗在肯德爾的死黨非常團結，是個女性主導的小圈圈，她們刻意凝聚起來，抵銷

＊積極的年輕廚師把「不上班」的時間花在任職的場所，吸收新知與技巧，直到最近是餐飲業行之有年的傳統。現今在美國，無論雇員是否願意，不支薪工作皆屬非法，限制了廚師在無償時間內可以從事的勞動。

男性占壓倒性優勢的班級組成。她們在校外實習完之後回到學校，在肯德爾學院的「飯廳」（The Dining Room）——學生經營的餐廳——做兩個月時間。

泰麗就是在這裡，在她錄取緣滿行政主廚的十年之前，第一次遇到這間餐廳未來的共同主廚兼業主貝芙莉．金，一位苗條的韓裔美國人，當時三十三歲，同時也是肯德爾校友。貝芙莉設計菜單，制定規矩，由團隊執行，每隔幾天就會輪調崗位。學生也會設計並推出自己的特餐。泰麗和她的女生朋友們一開始雖然對貝芙莉很有好感，但又覺得她太過嚴肅，所以希望她放鬆點，當她的好友。其實貝芙莉有她的傻勁，還有充滿喜悅、爆炸性的笑聲，只是不到學期末不會釋放出來罷了。

在學生眼裡，貝芙莉是冉冉新星，正在嶄露頭角，且付出了應有的努力，眼看就要跨越門檻，踏上主廚兼業主的應許之地了。不過其實，她跟強尼的荷包不斷失血，因此任何一丁點的金流都不放過，那怕是烹飪老師那微薄的講師費。

但先話說從頭：貝芙莉把自己對烹飪興趣的起源回溯到孩提時代。她母親——一門心思都擺在拉拔孩子長大與守護這個家——煮的晚餐有美式**以及**韓式。貝芙莉在四姊妹中排行最小（比姊姊們小了快十歲），沒有兄弟，這件事讓她的父母相當苦惱，尤其是父親。快十歲時，貝芙莉漸漸跟母親比較親，還會扮演副主廚，負責把食材與佐料預備好。在社區裡，她母親對味覺的刁舌頭與高超烹飪技術是出了名的。金家沒給小孩零用錢，所以貝芙莉開始把烹飪當成對朋友示好的方式——不是**買**禮物送朋友，而是拿烘焙的食物當禮物。

爸媽對性別的偏見，和學校裡長久的種族歧視與刻板印象可謂一拍即合——有個老師告訴她，因為「她的民族」比一般美國人更會記憶字母，因此打她分數的標準要拉高。貝芙莉相信這位老師是把韓國文化跟中國文化搞混了。*（貝芙莉生在美國，英語是她的第一語言。）

「我覺得身為亞裔，或者說韓裔，就是有這種格格不入的感覺，人家不理解，也不會主動去認識」，她說。「我想她本來的確是出於好意，但散播不正確的訊息不僅有害，

* 麥爾坎・葛拉威爾（Malcolm Gladwell）在《異數》（*Outliers*）一書中提出好幾個語言學與實用方面的根據，主張中國小孩在記憶連串數字時能力高人一等。

而且也不理解身為美國人的意涵。我們都是移民，你也曉得吧？」

回首過去，她還是能從老師的刻板印象與父母的沙文思想中翻出一線希望：這兩種心態雖然都是有害的沉痾，但經歷過這些，也讓她能對自己私底下或職場上遇到的形形色色的人懷有同理心。

不過這是後話。當時她只是個愛下廚的孩子。在上國中法語班時，有個題材寬鬆的額外學分作業，讓她提前一窺了未來的志向：為了獲得額外學分，她設計並完成一套三道菜的法式晚餐，完全按照餐廳的作法料理四季豆、獵人燉雞與巧克力慕斯，搭配精挑細選的碗盤，還播放自己編輯的音樂來塑造氛圍。「就是好玩」，她呵呵笑道。「烹飪和整個招待的過程就是**好玩**。」

許多移民到美國的韓裔家庭（乃至於亞裔整體）都希望子女未來從事白領工作，金家也是。貝芙莉認為這牽涉到「憾恨」（*han*，한），這個韓文字指的是一種義憤或悲憤，肇因於韓國遭日本殖民的過去。屬於她自己的「憾恨」，則來自於父親對她的性別明白表現出失望的添油熾薪：她是韓裔父母生下的第四個女兒，很不光彩，也是無法傳承金姓的孩子裡最小的一個，加上貝芙莉的父親是自己那輩唯一的男丁，讓這個烙印更加深刻。

一開始不是貝芙莉自己，而是她的姊姊李恩（Lee Ann）在觀察到廚房對她的吸引力之後，鼓勵她考慮以烹飪為業。十六歲時，貝芙莉到芝加哥的麗思卡爾頓（Ritz-Carlton）實習，替主廚莎拉．斯提格訥（Sarah Stegner）工作——這位芝加哥料理界的大佬，目前是伊利諾州諾斯布魯克（Northbrook）「大草原綠草咖啡」（Prairie Grass Cafe）的共同所有人與經營者。貝芙莉曾考慮入伍當廚師，甚至跟陸軍招募人員見過面，但後來她獲得西北大學錄取。只有一個問題：由於金爸爸轉作 HMOs（健康維護組織；這對私人執業來說是個失敗的選擇），加上他已經供另外三個女兒讀完大學，還出了幾次婚禮費用，如今金家的銀行戶頭已捉襟見肘。父母倆想到還要付大學學費就很抗拒，何況貝芙莉想念的還是堪稱無用學科之一的**法文**。他們還在貝芙莉的傷口上灑鹽，表示如果她是男兒身，早就不供她開銷了。她父親說過的話當中，有一句至今仍令她耿耿於懷：「你要是我兒子，去念烹飪學校我就要把你趕出家門；但既然你是女兒，我想你至少可以當個好妻子，讓你的家人開心。」這種態度表現出貝芙莉認為的「陳腐的韓國思想」。

憾恨再度襲來：貝芙莉決心自謀生計，證明父母錯得離譜。她自己對烹飪的看法大不相同，認為這是一種很實際，甚至堪稱保守的職涯。用兩年時間（烹飪教育學程一般的長度），你就可以學到一身帶到哪用到哪的功夫，而且不愁沒工作。她考慮申請美國烹飪學院（Culinary Institute of America）。但斯提格訥（很快就成為貝芙莉的「先生」）說服她打消主意，並推薦肯德爾學院——在地，而且比較便宜。（儘管貝芙莉事業有成，但沒能經歷過大學的傳統人文教育，仍令她感到遺憾。）在那蒙昧的時代，烹飪學校的特色就是「男人間的粗俗談話（locker room talk）、大男人主義、霸凌，當年這些都稀鬆平常」，她說。對女性的貶抑、輕視隨處可見。「我得學會怎麼樣能有自我抵抗力，因為這種情況很困擾我。這不是肯德爾的問題，這是文化問題。當年沒

貝芙莉・金在每周經理會議跟團隊說話。

有那麼政治正確。」露骨的沙文主義令她不時懷疑自己是不是選錯了職涯。但她挺了過來。

貝芙莉的態度一貫客氣，身形細瘦，連點肉都沒有，不難想像風城（Windy City）〔芝加哥別稱〕獨有的狂風颳跑她的樣子。但她並非濫好人。她沒有繼承父母對宗教的虔誠，但她確實會從靈性的角度看待自己的遭遇。她相信，落在人生路上的障礙皆有其原因，可能會導致某種目標。對她來說，這意味著要她在各種情境下當她身為**他者**時，能夠將自己過往的痛苦與磨難化為助人的力量。為此，她跟強尼為了各種理想奉獻自己的時間、生命、名氣，乃至於餐廳。尤其是兩人共同成立的非營利組織「豐足環境」（The Abundance Setting），支持從事服務業的職業婦女——這個產業不只要做夜班，薪資與福利往往少之又少，工作本身的體力消耗又大，讓為人母親和發展職涯變得有如薛西弗斯式的冒險。

從肯德爾畢業後，貝芙莉到查理・特勞特（Charlie Trotter）馳名國際的同名餐廳工作。特勞特（二〇一三年過世時才五十四歲）的那一代美國主廚中有不少人性格喜怒無常，而他更是名列前茅。得天獨厚的他以龍捲風般的速度，接連在國內外二十多間餐廳廚房中練就一身功夫。一九八七年回到故鄉芝加哥之後，他在一棟改裝過的連棟房子開了自己的餐廳，饕客趨之若鶩，旋即成為美國最有雄心的餐廳之一；同時，前衛餐廳的作風，除了傳統菜色外也提供了蔬食的品嘗菜單。眾所皆知，特勞特本人既有愛心又慷慨，卻又冰冷惡毒，有時這些情緒甚至是在同一小時內對著同一個人。（他同時為各種慈善事業奉獻了大量時間與資源。）

貝芙莉覺得特勞特餐廳的環境令人窒息，壓力過度，而且毫無必要。比方說作為日課，她必須在每天下午一點整為主廚燒出一道菜。這件事的重要性高於她其他工作，而且經常是在做完之後，才發現根本找不到特勞特人在哪。許多同事很享受餐廳生活裡這種浮之於表面的發展環節，但貝芙莉漸漸認為這些都很多餘。她還覺得這裡帶有文化菁英和男孩俱樂部的調調，將之比喻成料理界的哈佛。有一次，她為了融入環境、做足戰備，削弱自己的女性氣質，甚至徹底仿效《魔鬼女大兵》（*G.I. Jane*），把頭髮剪短。

特勞特的員工是按班領錢，雇主期待的卻是在各種標準下都遠超過正常的工時，而且沒有給加班費。這是當時業界的慣例，其依據則是你可以學習到讓自己更上一層樓的技術，最終或許能爬到主廚的位子。但貝芙莉覺得這並不合算，尤其特勞特之富人盡皆知。「相較於他的身家，我簡直不敢相信餐廳有多血汗」，她說。

二〇〇三年，貝芙莉採取意想不到的行動。她帶頭對特勞特提出集體訴訟，要求支付未付的加班費。如果說強尼與貝芙莉是美國廚房文化轉變的化身，那麼這場訴訟就是「舊」與「新」之間的其中一條分界線。特勞特在當時芝加哥餐飲宇宙中是絕對的權威。時至今日，特勞特系譜的專業廚師仍籠罩著芝加哥的餐飲界——城裡最受追捧的餐廳有許多是由特勞特廚房裡的前員工，或是從他們的廚房出師的人。

訴訟在二〇〇五年達成和解。特勞特支出超過七十萬美元，給一九九八年至二〇〇二年間在他的餐廳煮飯燒菜的勞工。（假如所有符合資格的員工都聯名起訴的話，他得支付的金額會多更多。）這項舉動也讓貝芙莉付出代價：特勞特的追隨者在城裡的廚房，乃至於實體或線上的文章裡對她大肆謾罵，把她抹黑成軟弱的愛哭鬼，天生不適合餐飲生活。「我承受了汙名」，貝芙莉說。「感覺就像我才剛從邪教脫離。我還會做跟他有關的噩夢。」

如今，貝芙莉與強尼是芝加哥與全美餐飲界最受愛戴的成員。（降落傘獲得二〇二二年詹姆斯・畢爾德基金會獎提名為美國一流餐廳。）但怨恨陰魂不散。二〇二一年，我告訴芝加哥一些我認識的產業中人，表示這本書的焦點會擺在貝芙莉、強尼及其團隊，有人低調問我知不知道她是情緒草莓族。

老實說，對於這起訴訟，我感到心情很複雜。一方面，特勞特是按照他們業界行之有年的常態。強尼自己在職涯初期就有做過類似的工作，也毫無怨言。另一方面，時代在改變，勞動法也在改變。特勞特個人非常富有（不像多數同行），擁有並經營國內最高檔的餐廳之一；我想，就算他實實在在為員工每一小時勞動付錢，也無損於他的生活方式。

總之，生活還是要過，而且無論貝芙莉的同行還留有多少憤恨，她仍然在一連串工作中取得成就。離開特勞特餐廳之後，她到自己的導師斯提格訥與喬治・彭巴里斯（George Bumbaris）在二〇〇四年開設的大草原綠草咖啡工作，然後是日本主廚柳橋隆（Takashi Yagihashi）在芝加哥梅西百貨（Macy's）裡開設的麵店。她也定期造訪韓國。二〇〇八年，她獲命為傑瑞・克萊納（Jerry Kleiner）Opera 餐廳的行政主廚；正是在這裡工作時，她收到一封 email 和履歷，來自一位出身中西部、而且在韓國待過一段時間，不久前才剛搬到芝加哥的廚師——強尼・克拉克。

強尼・克拉克是土生土長的中西部人，一直不停在追求什麼，多虧了貝芙莉，他身上中了的邪已經有不少被驅走了。

一九七〇年九月，他在俄亥俄州辛辛那提的基督醫院（Christ Hospital）出生，有一個弟弟。父親是平面設計師，母親是美髮師，他是個憂鬱的孩子，不善社交，體重高高低低，還會遭遇惡孩的拳打腳踢。他很難交朋友，交了也很難維持，直到十三歲那年他發現了滑板。滑板為他的生命注入活力，帶來飛躍的感覺，讓他能去探索不熟悉的街道，也和其他迷惘的男孩有了交流，其中一些直到步入中年他還有聯絡。

強尼的起源故事與許多二十世紀末美國廚房雜工的經歷不謀而合：對傳統課堂教育反感、錄取進入烹飪學校、早期在經典法式廚房中工作。但此後他發展職涯的路，具體而微地展現了從過去的廚師轉變為一種特定的現代美式主廚的過程。

受到注意力不足與不斷蔓延的憂鬱所苦，強尼在學校乃至於在生命中就像遊魂。如今的他無法破解當年那股衝動是作戲還是認真的，但他曾經在自己的脖子上綁了條皮帶，另一端固定在浴簾橫杆上。他的雙腳能碰到地板，但精神的痛苦嚴重到自己覺得必須跟絞索培養感情。

強尼也像很多前人一樣，誤打誤撞進入自己所選擇的職業：他十五歲時，父親堅持他去找份工作，後來他去在自己家同一條馬路上的基韋斯特（Key West）風情餐廳「鵜鵜站樁」（Pelican's Reef）洗碗——根據他的記憶，那是一家「吉米．巴菲特（Jimmy Buffett）主題餐廳，桌面的環氧樹脂封住了海星與貝殼。」漸漸地，他被廚房牽引，一開始做的是不用動腦的工作，比方說供餐忙的時候，他會在紅色塑膠食物籃裡擺餐巾紙。不久後，他發現自己的名字出現在烹飪班表上，輪班時他要顧炸爐或烤魚，沒有什麼訓練，也沒有什麼要求；就算從他的崗位送出去的魚排火烤格紋不完美，也不會有頂頭上司或顧客注意到——或者應該說不在乎。

高中時，他接連在當地幾間餐廳打工過，既是為了微薄的薪水，也是為了工作本身。他很快便展現出天賦，以及入迷。

「我做特定任務時，感覺就像《駭客任務》（*Matrix*）」，他說。「當技術原理顯現時，我超能把握。比方烤魚：我知道準備翻面的時機，知道用什麼廚具能達到最好的效果。」工作也能讓他的腦子保持忙碌，這是職業廚師共同的渴望，能夠讓他們忘我的休閒——像是玩樂器——也能吸引他們。「這就好像溜滑板，只不過我可以賺錢」，強尼說。

他的父親建議他以烹飪為業。不過強尼只曉得自己想離開辛辛那提，對他來說，童年的陰影始終在此揮之不去。於是乎，在當地各種餐廳做了五年的工作後，他錄取紐約州海德帕克（Hyde Park）的美國烹飪學院（Culinary Institute of America，簡稱ＣＩＡ），當時是美國首屈一指的職業烹飪學校。

二〇〇〇年，他展開在ＣＩＡ的學業，當時盛行的還是老派的鐵血教學風格。雖然不至於有穿白色廚師服的導師抄起平底鍋打他，但少不了拍桌，也少不了貼臉大罵，彷彿噴灑的口水能夠撲滅你的愚痴之火。他覺得這種教育很不尊重人，但他撐了過來，成長茁壯。實際摸出來的知識特別投其所好，跟書本有關的卻會讓他分心。

「**我不是來這裡讀書的**」，他回想當時對指定閱讀的看法。「**我之所以烹飪，是為了放空腦袋。**」

他用「壓抑」來形容自己就讀的烹飪學校，還認定這是他過去肥胖的原因。「因為壓抑，因為〔學生餐廳裡的〕牛奶供應器，也因為你隨時都有東西吃。」

他跟同班同學黃雄（Hung Huynh，高高瘦瘦、自信十足、愛炫技的越南裔美國人，後來奪得精彩電視台《頂尖主廚大對決》第三季冠軍）一起到拉斯維加斯闖蕩，前往美國名廚查理．帕爾默（Charlie Palmer）的紐約市前衛餐廳「光環」（Aureole）的分店做校外見習。我從沒去過拉斯維加斯的光環分店，但這家餐廳最大的賣點就是「葡萄酒天使」（wine angels）——侍酒師套上特技吊具，彷彿打鐵籠格鬥那樣吊上吊下，從巨大的葡萄酒牆上取出酒瓶。想到強尼在這拉斯維加斯的廚房裡辛苦工作的樣子，實在很考驗我想像力的極限。

回到海德帕克，強尼前往紐約市一家經典法式餐廳工作，沉浸在對歷史的入迷中。他在傳奇的「船帆」（La Caravelle）餐廳，以及幾年前辭世的西里奧・馬喬尼（Sirio Maccioni）那間吸引名流政要的「馬戲團」（Le Cirque）餐廳見習，然後到「巴斯克海岸」（La Côte Basque）擔任二廚（line cook）。巴斯克海岸是影響二十世紀末紐約市歷史數一數二的餐廳，不過其影響力並不限於食物。一九八〇年代與九〇年代的形成期，主廚兼業主尚－謝克・海克庶（Jean-Jacques Rachou）是法國出身的主廚中最早歡迎年輕美國人加入行列的人。當時最成功的紐約名廚有好幾位出身巴斯克海岸，像是拿過《紐約時報》（*New York Times*）四星主廚的大衛・鮑利（David Bouley）、剛才提到的新美式料理名廚查理・帕爾默，以及甜品主廚威廉・尤瑟斯（Bill Yosses）——後來他擔任白宮甜品主廚，為美國總統喬治・W・布希（George W. Bush）與巴拉克・歐巴馬（Barack

Obama）烤過派。到了二〇〇〇年代初，新美式料理確立地位，在新一代改革派如張錫鎬（David Chang）展露頭角前，巴斯克海岸已成為老骨董。但強尼並不追求前衛，而是更有興趣從自己在CIA打下的基礎出發，繼續成長，打穩法式料理手法，然後聽從自己的直覺。對於一位不諱言自己飽受精神困擾的人來說，強尼波瀾不驚的自信每每出人意料。

強尼在巴斯克海岸也遇到以前在烹飪學校那種老派的廚房暴力。他說，海克庶在廚房供餐期間會以推搡、斥責的方式打擊他——「不會動啊！」但俗話說：**沒有雨水的歷練，就沒有花朵的綻放**（No rain, no flowers.）。強尼發展出情緒防護罩，他意識到，再慘也不過就是被海克庶炒魷魚，反而因此平靜下來。他相信海克庶有感受到自己的轉變，之後開始對強尼手下留情。

講起來就像好萊塢最老套的劇情，但不久後強尼便開始敬愛（這是他的原話）海克庶，逐漸當他就像自己的另一個祖父。

海克庶的鐵漢性格有柔情的一面來平衡，每晚上工前他都會用豐盛的家庭（員工）餐來表現。海克庶會整理好一張長桌，端出簡單、美味而高雅的餐點；常見的有麵包、肉醬義大利麵、沙拉與乳酪，讓大家吃飽了再上工。海克庶也特別關心強尼。他講話從不客氣，但兩人會在主廚辦公室的牛奶箱子上坐著抽菸閒聊——一頭料理雄獅和他的幼崽之間難得有這樣的互動。（有一次吞雲吐霧打屁時，有個事先預約的美食團體來參訪，海克庶忽然嫌無聊，就把百般不願的強尼推進用餐區。「你去帶導覽。就跟他們說主廚是你。」）有時候，海克庶會毫無來由，在廚房裡悄悄靠到強尼旁邊，鬼鬼祟祟說「拿去」，然後像個反向操作的扒手，塞給他一個包了一疊百元鈔票的信封——顯然是某種獎金，只是從來沒有明說過，也不是常態。

海克庶打造出的生活對廚師來說相當罕見，至今仍讓人嚮往。餐飲業是出了名的折磨人，就算是最成功的人，也不免陷入健康不好、酗酒與/或破產構成的某種組合，但海克庶不只是餐飲人，也是商人。（從里昂跨海而來的主廚丹尼爾．巴魯〔Daniel Boulud〕有一回告訴我，他在一九八二年剛到紐約市時，曾經在海克庶手下實習過，見識到他如何以優秀的行銷能力把比較便宜的肉品部位銷出去，還把邊角料的價值最大化，做成熟食冷肉（charcuterie）——節儉幻覺的最高表現。）早在業界意識到（更別說處理了）「**平衡**」與「**照顧自己**」等概念的重要性之前的數十年，海克庶便已身體力行。他賺大錢的方法不只是餐廳，還有投資紐約市房地產。

儘管彼此關係親近，但日子久了，強尼新生的料理嗅覺跟海克庶的老派作風之間的分歧愈來愈大。經年累月精益求精的招牌菜色，讓海克庶這類主廚名氣響亮，但強尼覺得反覆的操作讓人厤木，至於為了一年到頭都能端出招牌菜而仰賴非當季的食材，也讓他感到不適應。

「這種環境裡確實能產出一些優秀人才，但我不覺得自己能成為我想成為的人」，他說。「**我必須有發自內心的動力**。」

但強尼不會把自發跟懶散畫上等號。緣滿的菜單每周都在變化，但個別菜色在這五天的供應期間會不斷調整（有時不只一次），直到這個星期過去，或者強尼與泰麗把它們雕鑿到足夠的程度，就看是哪件事先發生。

「我有完美主義性格」，他說。「我非得達到自己的標準不可。當我這麼說時，一道菜不見得要完美無瑕，那是我對烹飪的看法。但要是我對一道菜產出的過程不滿意的話，我會睡不著覺。那種焦慮會一直持續到我做對為止。我確定廚師們有時候會覺得我很欠揍，因為我會在出餐中途改變一道菜；我們會在供餐到一半的時候重新印菜單，因為我沒法多忍一分鐘。」

他談到這件事的時候，聲音裡有著淡淡的苦楚：與其說是「專業人士」的傲慢，不如說是臨床強迫症患者的自我鞭笞。疫情期間，他在工作時壓抑這種絕不妥協的完美主義，主要是體諒他的廚師們。

我告訴他，這感覺並不好受，但我能理解。我跟他分享關於寫作我最喜歡的其中一句話，是從露絲・雷克爾（Ruth Reichl）那兒聽來的：「我恨寫作。我愛的是寫完。」

他點頭表示同意。「等達到那個境界，我會很享受。」

在紐約市工作時他很少外食，外食的話通常也是孤身一人在餐酒吧，但偶爾他會在外食的時候吃到指引自己風格方向指標的料理。他在格林威治村（Greenwich Village）地位崇高的「高譚吧烤」（Gotham Bar and Grill）吃到一餐，當時是由美國名廚阿弗雷・波塔爾（Alfred Portale）掌舵，對他的影響很大。那一餐是鮪魚韃靼與一小條烤海鱒，給他留下「實在」的印象。對他來說，意思就是沒有現代主義的操弄手法，也沒有逐漸席捲全球的那些添加劑。

他也是另一家比較晚成名的鬧區餐廳「爸比」（Babbo）的粉絲，當時是由主廚馬里奧・巴塔里（Mario Batali）主導。* 如今雖然稀鬆平常，但當年對於像爸比這種精緻、俱樂部路線的用餐空間來說，不拒來者的服儀規定堪稱挑戰極限。（這棟格林威治村華盛頓廣場公園〔Washington Square Park〕附近的兩層樓建築，本來是「馬車房」（The Coach House）餐廳的所在地。馬車房在二十世紀中葉開幕，在將近半世紀的時間裡，為歷史影集《廣告狂人》〔*Mad Men*〕裡的那類人和他們的後輩提供「歐陸風」料理。）爸比撥放的搖滾音樂也很大膽；整城的人都曉得巴塔里有個習慣，每到接近打烊，他就會穿著他招牌的短褲與橘色卡駱馳（Crocs）洞洞鞋出現在用餐區，把音量轉到爆。

在巴斯克海岸的魚類與開胃菜崗位做了三年之後，強尼前往位於曼哈頓西岸（West Side）的紐約倫敦酒店（London NYC），到愛大呼小叫的不列顛主廚戈登・拉姆齊（Gordon Ramsay）新開的餐廳做了一陣子。他在那兒見識到了傳統廚房虐人方式的反覆發生，殘酷程度是他迄今僅見：十六個小時的輪班讓手指乾裂，淚腺止不住地運轉——在供餐期間，精疲力竭的廚師經常會在煮飯時眼淚掉個不停。強尼會在午夜時搖搖晃晃回到自己在皇后區的公寓，凌晨兩點時倒在床上，他把接下來的短暫睡眠稱為「打瞌睡」。洗完戰鬥澡後，他就把幾條穀麥棒塞進口袋，這就是他當時每天的熱量來源，然後跳上地鐵回到曼哈頓。這一陣子——短到他後來都不列入履歷中——也加深了

* 巴塔里多次遭指控有不當與／或性虐待行為，餐廳內外都發生過。其中一案他獲判無罪。一案他與原告達成和解，金額保密。二〇二一年，他曾經合作過的公司在跟與至少二十名男女職員提出的訴訟中達成和解，代價是六十萬美元，原告們主張他們曾經在這家公司的三間餐廳遭到性騷擾。巴塔里在二〇一九年賣掉自己幾家餐廳的股份，現居密西根。

他對於嚴格的手法與擺盤、缺乏變化的反感。

「我才開始學習自己喜歡做的事情，那就是自發的烹飪」，他說。「發自內心、發自靈魂的烹飪。一道菜難免不完美，不要緊。只要用的是優質的農產品，除非是我搞砸，否則都會很好吃。」

達到身體與情緒崩潰臨界點的那一刻，他撥電話給餐廳，說自己再也受不了了，沒有到班，再也沒有回去。

接下來是「城」（Town）餐廳，傑佛瑞・扎卡利安（Geoffrey Zakarian）開在曼哈頓中城的豪華地下室餐廳，時間是在這位動作俐落的銀髮主廚在電視上開創第二春之前。那段時光的重點在於讓他發現了韓國菜，下班後他會到韓國城（Koreatown）大快朵頤。西32街（West 32nd Street）上整排的深夜食堂與卡拉OK酒吧，霓虹燈與電子招牌怒放著店名（很多只有韓文），有些店面開得很擠，甚至兩三家用同一個地址。好巧不巧，他在《食藝》（*Food Arts*，一本光鮮亮麗的流行行業雜誌）雜誌讀到韓國主廚林祉鎬的人物專訪，封面照上的這位主廚戴著一頂模仿公雞雞冠的帽子。林祉鎬是位跳脫傳統的主廚，拿手的是「靈光」（aura）烹飪——他會拿捏用餐的人數，即興發揮，有時甚至在出餐期間從廚房衝到附近的山腳下尋覓藥草與植物的塊根。

二〇〇八年，那股熟悉不已的「該結束了」的感覺再度找上強尼。該結束的不只是「城」，還有整座紐約市。他逐漸萌芽的兩樣興趣——對於韓國菜與林主廚，化為一種想去南韓烹飪的信念，如果是林主廚的餐廳「山堂」那就再好不過了。胸懷大志的主廚會在不同的工作崗位之間像高空盪鞦韆一樣擺盪，但縱使以今天的冒險標準來看，大膽前往某個遙遠、文化與語言大不相同、而且少有美國廚師前輩探索過的地方——像是韓國——還真的很大膽。

「我一直是那種試著做別人沒做過的事的性格」，他說。「大家都去西班牙，甚或是日本，向大師學習。*我的想法是，**我真的想做跟別人很不一樣的事**。**韓國有沒有哪裡是我可以工作的地方**？當時我對韓國一無所知。」

「城」的一位襄理幫強尼打電話給山堂，跟林主廚通話，說明強尼想為他工作，從中學習，而且願意不支薪。林祉鎬對西方世界的「無薪實習」並不熟悉，但他告訴這位襄理朋友，說這不是第一次有人向他做類似的提議。他以前總覺得怪。但這一回不知怎地，他表達開放態度。

* 這是斯堪地那維亞飲食席捲全球之前的事。

一個月後，強尼在對於韓國乃至於韓語一無所知的情況下搬出公寓，前往位於首爾東南方大約三十英哩的京畿道小山城，楊平。據強尼說，山堂是「山裡的僻靜處。寧靜，有如綠洲。〔水準〕可以達到米其林二星。」他把山堂跟知名的北歐餐廳「北食」（Noma）相提並論，「餐點很精巧，卻很自然，是努力要呈現出自然。」「山堂」意為「山腳下的房子」，山堂也確實位於山腳，方便採集，用現採的食材來烹調。

除了料理與氛圍，「〔林祉鎬〕是藝術家」的這件事也讓強尼大為折服，他會拿紙、顏料與麥克筆臨場為每一位來吃飯的人創作。「〔一晚上〕超過五十個人」，強尼說。「他畫每一個人的氣場。令人難以置信。」

強尼是餐廳成員中唯一的西方人，也只有他的母語是英語。這份工作並不輕鬆：他跟同事住在改裝過的貨櫃屋，兩人一間，在有加熱的地板上打地鋪；到了早上，就穿著睡衣和拖鞋，到分性別的集體浴室沖澡。

他按照山堂的規矩，從打雜開始做起，道理在於無論過往經歷，誰都不能直接空降進廚房。

表面上，這裡的班表就跟他以前在紐約市受訓時待過的西餐廳一樣累人。在山堂，他一周工作六天，午餐與晚餐時段都要，也就是說他在大概晨霧未散、草尖上還沾著露水的早上七點到餐廳，直到大概晚上十點才會回到貨櫃屋。但廚房文化好太多了。「這是我第一次在沒有人粗野無禮的廚房裡工作」，他說。「這裡沒有競爭。不會有人試著踩到你頭上。在這裡沒有必要這麼做。沒有人鬼吼鬼叫。大家都和和氣氣做事，而且做得很好。」

此外，通勤距離不過就是散個步，而且林祉鎬一天為員工準備三餐，像設宴一樣擺在桌上。林祉鎬還有一點出乎強尼意料——付他薪水，付現，而且是第一周就開始。「我離開的時候，身上的錢比來的時候還多」，今天強尼說來還是感到不可置信。

林祉鎬不太說英語，但強尼很容易就能用語言以外的方式溝通，像是比手畫腳、誇張的臉部表情，以及拿捏清楚的咕噥與喃喃。

「我知道很像童話故事」，強尼說。「但真的就是這樣。」

你相信有「注定」這種事嗎？不相信的話，那麼強尼．克拉克想必是地球上最幸運的傢伙。這個害羞、瘦高、被人找碴、受憂鬱所苦的廚師，怎麼會這麼剛好進了伯樂所經營的專業廚房呢？而且還不只一位，是**兩位**伯樂？我向他提到，海克庶是孤兒，孩提時的寄養家庭很殘忍，而且（許多認識他的人都相信）施虐，即便過了數十年，他都不願在訪談時談到這些事。強尼則反過來跟我分享，林祉鎬也有一段煩亂的童年：他十多歲時逃家，在街頭流浪，後來找到製作高級木炭的工作——這在韓國與日本是一門藝術。他的工作項目之一是把木炭送去給客戶，其中包括餐廳，從後門直通廚房，而廚房環境讓他很感興趣。

「這實在太巧了」，我覺得。「你居然有這兩人的庇護。」

「我不曉得」，強尼搖了搖頭。感覺是時候提到強尼講話輕柔了。他擁有像是舊金山灣區或太平洋西北城裡人散發出來的那種活力、性情與時尚品味——平靜、溫和、有耐性，每次看到他，他鬍子的長度與形狀都會有很合適的修剪。對話時，他也會表現出沮喪情緒，更多是因為煩惱而帶來的困惑，但他幾乎不會發火。

「也許有點巧合吧。我之前沒想過。到現在，他們是影響我職涯最深的兩個人。我真心相信相似的人會彼此吸引。也許跟我小時候的事情有關係，被人針對什麼的，總之我在團體當中就是不自在。我現在對人群或社團還是不習慣。〔林祉鎬與海克庶〕專心做自己的事情。海克庶甚至不會分心注意其他主廚。」

強尼也深受林祉鎬平衡的生活方式所吸引，就像海克庶吸引他一樣。

「我很喜歡那些不只是在工作，而是在過**生活**、把工作當成生活一環的主廚們。這是我的收穫。」他也從廚房領導風格中找到希望，「不必得是什麼充滿怒氣／自我的情境；你可以為了快樂而煮。」

在韓國的那一段時光，強尼是周圍唯一的白人，這也讓他得以從嶄新的、寶貴的角度看事情：「我不敢說自己懂得〔在美國〕身為少數族群是什麼感覺」，他說。「但我第一次了解身為『他者』是什麼感覺。此前我完全一無所知。我在俄亥俄長大。即便到了紐約，我也只顧工作。我從沒想過身為少數的其他人是什麼感覺；以前那不在我考慮範圍。我之前都覺得我沒有偏見，只是那不是我關心的事。」

最後他在山堂也獲准為一些備料工作幫忙，像是製作一大堆泡菜或是把魚捲起來、觀察其他的工作、還有在供餐期間幫忙擺冷盤沙拉。這時，時間已經過了三個月；是時候延長簽證了，否則就有驅逐出境的風險。到了第四個月，因為簽證無法再延，強尼回到美國。要不是有這道法律難題，他說不定會在山堂待好幾年，但他也不想面對終生不得入境的危機。於是他回到紐約，口袋空空的他連倉儲空間都花不起，何況是租房。他把自己的財物運到芝加哥，在弟弟的公寓擠了幾個月，打地鋪，就跟在楊平一樣。強尼跟林祉鎬分頭努力，希望申請到工作簽證讓他回韓國。（由於韓國不缺廚師，為避免強尼影響本國人的工作機會，他的工作簽證一直無法通過。）

最後，林祉鎬的一位助理打給強尼，表示主廚放棄了。

骨牌一塊塊倒下。二〇〇八年秋，經濟蕭條，餐廳受害，工作機會消失。他在一家野心勃勃、主打「品嘗菜單」的餐廳做無薪實習，卻覺得那裡讓他感到焦慮且幽閉恐懼，於是做了一晚就辭了。

「我甚至不知道自己幹麼去試」，強尼說。「我知道我不想做。但這個國家就是有一種，如果你想成為『真正的』主廚，就必須去做的料理文化。」

「我懂那種團隊精神，也懂那種可以寫在履歷表上的能力」，他說。「但那又不會讓**我**開心。我只是打從心底喜歡煮。為大家煮。

強尼幫助湯瑪斯精進自己的切肉功夫。

那才是我喜歡的事。那才是讓我走出憂鬱的事。我認為這就像是在自己家裡煮給誰吃一樣。『我有這些食材；要不要來我家吃晚餐？』我很努力**不要**炫技。沒有什麼需要證明的。但在一家〔米其林〕三星〔餐廳〕，這些菜色出現在菜單上之前，搞不好已經演練過好幾個月了。我只是覺得，吃個晚餐跟人家收八百美元，風險也太高了。」

羽翼未豐的廚師在做決定的時候會有許多重要考量，錢是其中之一。存了錢，你可以放假、在工作之間做調整，或者去旅行。但錢用完了，就得回去熬。而強尼的錢用完了。芝加哥早已開始往上爬，往如今在餐廳生態系裡崇高的地位大步邁進——當時像查理·特勞特餐廳的經典西餐廳還在經營，而格蘭特·阿查茲的現代主義料理餐廳Alinea也已在二〇〇五年開幕。但強尼希望能延續自己對韓國菜的探索，「抓住那一塊不放」，而芝加哥城基本上沒有韓式餐廳，頂多只有家庭式經營那種，強尼既不想在那裡工作，何況身為白人又不是家庭成員，本來就不大可能被錄用。

大概在這個時候，他翻閱某一期《CS》雜誌（芝加哥奢華生活風格刊物），當期的主題是專訪本地一些主廚，吸引了他的注意，而其中就包括當時在 Opera 工作的貝芙莉．金。他對她的韓裔背景感到好奇，於是上網做了點功課，找到一段貝芙莉的影片，影片中貝芙莉一反常態搔首弄姿，從兩道布幕後現身，低語道「歡迎光臨。」

這激起了他的好奇心。

「我覺得自己離開韓國時，人生有一種新的圓滿，然後我想，這是我想認識的人」，他說。「她感覺超有趣。我很希望自己在鏡頭前能像這樣，魅力、風趣、機智。」

貝芙莉當時剛升為行政主廚。她把《CS》的專訪當成自己在平面媒體的初登板。拍攝時，她已經連續工作三十天，而且是在沒有副主廚的情況下。所以她才會頂著一頭亂髮，穿著皺巴巴的主廚裝，在輪到拍特寫的時候擺了彆扭的姿勢。

「那就是他看到的照片」，她大笑。至於吸引到他的那段影片，她說，「我那時有點瘋。」

強尼寄來的履歷，就跟當時八字還沒有一撇的緣滿的菜單一樣極簡：工作過的餐廳、擔任過的職位，以及任職期間。沒有華而不實的文字，沒有高大上的「目標」。這份履歷跟許多年輕廚師的誇大其辭形成優雅的對照，貝芙莉看呆了，尤其是他在山堂的那一段時間。她記得《食藝》以林祉鎬為主角的封面報導，記得林祉鎬帶著一頂白色雞冠，還有他採集的那些出人意料的食材，以及他宛如薩滿的經歷。要是她早點知道這位主廚，她一定會試著去為他工作。看到這裡，她已經開始對這份履歷的主人公浮想聯翩，想像一位迷人的廚師，這麼有先見之明，在近年來韓國菜滲透進美國餐飲主流意識之前，就先到韓國當學徒。喔對，這一定要說，她以為「強尼．克拉克」是黑人。

見面的時間地點約好了。一晚下班後，貝芙莉跟強尼約在瓦巴西酒吧（Wabash Tap），距離 Opera 大概一個路口。他們按照在 email 上的約定，各自帶來在韓國闖蕩的照片，方便作為交流話題。在還沒講到之前，貝芙莉就注意到強尼右手腕上面一點的紋身——三朵小小的木槿，代表韓國的國花無窮花。印象深刻的她問他最喜歡哪一種韓國食物。她在考試。拌飯或烤肉太普通，平庸，必敗無疑。但他答得出色：清麴醬鍋，一道發酵黃豆煮的湯，聞起來臭到不行，許多韓國餐廳甚至不會列在菜單上。強尼在林祉鎬的廚房裡總是嘴饞，有時候員工餐會出現清麴醬鍋，他也漸漸愛上這道菜。清麴醬鍋正好是貝芙莉最喜歡的其中一樣，是靈魂深處的不美的美食（ugly-delicious，韓裔美國主廚張錫鎬想出這個講法作為 Instagram 標籤，用來指看起來很醜但吃起來很美味的食物）。

「一開始就是乾柴烈火」，貝芙莉說。不到一個月，兩人就開始熱戀，不過這段剛萌芽的關係只有發乎情止乎禮；為了誠實追求自己的感情，他們都跟各自的情人分手後，才光明正大談起戀愛。貝芙莉搬去跟姊姊同住。「每天都是粉紅泡泡。感覺就像我遇到自己的靈魂伴侶」，貝芙莉想起當時。「我們跟彼此分享很多，聊很多。這麼多共同點，卻又如此不同。」他們也幾乎是馬上就開始想，有朝一日要開一間韓國菜餐廳。

六年後，夢寐以求的那家餐廳成真了，而且相當成功——就是降落傘。然而在這六年間，兩人受到的考驗遠比以前各自承受過的還要嚴厲。強尼工作不順，一直沒在芝加哥找到他要的專業廚師職位。低潮從他為了在馬庫斯．薩穆爾森（Marcus Samuelsson）開的餐廳「C屋」（C-House）爭取行政主廚一職，參與試煮之後來到。他以為自己勝券在握，但C屋給他的卻是副主廚一職。為了求穩定，以便成家立業，他乾脆完全離開餐飲業界，到芝加哥湖景區（Lakeview）哈爾斯德北街（North Halsted Street）上的一家全食超市（Whole Foods）工作。不久後換貝芙莉陷入低潮——人生階段（她想要孩子）與職涯發展（往上爬需要投入更多時間）之間的衝突讓她愈來愈沮喪。這兩位履歷亮眼、勤勤懇懇的料理人就這樣變成在超市熱食區煮東西，把成桶的通心粉和乳酪倒到隔水加熱的容器裡。假如**離開**餐飲業也有契機，那這肯定榜上有名。

「我們感覺共有的夢正在溜走」，貝芙莉說。「這傷我們最深。」

急需情緒出口的貝芙莉迷上了《秘密》（*Secret*）——這個文化現象級的身心靈暢銷書保證，只要你希望什麼，意念夠堅定，願望就會實現。聽起來很胡鬧，就像是把寵物石頭（Pet Rock）放到今天一樣，但當時許多人信這一套，包括歐普拉．溫芙蕾（Oprah Winfrey），她還用兩集脫口秀講《秘密》。

「這個概念有一大部分感覺很蠢，但我確實認為天天保持自己心裡願景的清晰有其道理」，強尼說。

貝芙莉補充：「這也幫助我們一起弄清楚我們重視什麼。我們重視家庭。我們重視卓越。我們重視冒險。我們重視得到認可，畢竟有認可才會有生意，而我們想要自己開餐廳。」

貝芙莉與強尼按照書上的建議弄了個願景板，用圖案畫出自己的目標，像是一張家庭照。

「這是個很好玩的練習」，貝芙莉說。「我們邊做邊笑。做完願景板之後，我懷孕了。六個月之後，我們就奉子成婚了。」雖然兩人名下什麼都沒有，但婚戒內側刻著一樣的文字：**詹姆斯．畢爾德**、**頂尖主廚**、**美食雜誌**（*Gourmet Magazine*）。他們和許多同行一樣，即便已有所成，但他們仍然是員工、租客、夢想家。

他們的長子大元（Daewon）在二〇一〇年一月出生之後，這對夫妻對工作上的創造性還是覺得並不滿足，但對於不會有無邊無際的工作還是很感恩。「做完就是做完了」，貝芙莉說。「你不會把工作帶回家。」

即便如此，他們一天的時程安排還是很累人，而且很孤立：貝芙莉會在早上五點出門，走路去全食超市，六點到。她會上八小時的班，然後換強尼去上下午兩點到晚上十點的班，由她接手照顧大元。這樣可以省去托嬰費，但因為醫療保險費與共付額，他們還是積了大筆醫藥費帳單。

「因為我是產婦，我們每個月要付五百美元」，貝芙莉說。「我們有想過轉換跑道。」她考慮重回學校教書。強尼想過當建築工，也投過聯邦快遞的履歷。

但他們最後到俄亥俄州落腳，到強尼父親開的「幸運強慢食市場」（Lucky John Slow Market）幫忙。幾年前在二〇〇八年經濟衰退時，他擔任平面設計師的父親失業之後，開了這家美食雜貨店。強尼跟父親一起工作，貝芙莉則轉調到當地的全食超市。辛辛那提當然有其他亞裔，但貝芙莉跟他們始終沒有交集，這加深了她的孤立感。在職場上，升職的機會也跳過他，給了（她的評估）資格沒有她好的白種男子。有一天他們在匝道匯車時，有個白人駕駛騷擾他們，把他們的車逼到路邊，拉下窗戶對貝芙莉嘲笑道「滾回去，小日本！」

「我根本不知道該做何想」，貝芙莉說。「感覺又回到以前。我只覺得……**格格不入**。」

下午兩點下班後，貝芙莉就直接回到幸運強店裡，幫忙打掃。儘管他們這麼努力，店還是倒了。

「本來就不是為了成功而開的」，

貝芙莉・金與泰麗・普羅謝漢斯基在緣滿廚房討論。

強尼說。「我覺得，要是我們把一樣的觀念搬到〔芝加哥〕洛根廣場，早就成功了。」

「而如今我們人在辛辛那提」，貝芙莉說。「我個人感覺我的夢想正在枯萎。」

「我也有同感」，強尼說。「我搬到這裡想為地方上做點什麼……我拚盡全力嘗試。」

就在這時，天外救星及時出現：一位招聘人員聯絡貝芙莉，因為芝加哥餐廳Aria需要一點亞洲菜的點綴，於是請她試試看它們的主廚職位。她通過五次電話面試，最後終於與總經理談到話。她飛往芝加哥，準備試作套餐菜單的四道菜。她很擔心自己生疏太久，不知道自己水準降了多少，也怕自己丟臉。至於強尼，則是擔心她會不會想重新回到大城市，重新擔起一切壓力。

經過辛辛那提煉獄將近一年的折磨才終於拿到這份工作，她馬上回答：「好！」於是他們搬回芝加哥，貝芙莉從二〇一一年二月開始在Aria服務。

就在這時，《頂尖主廚大對決》進入了他們的人生。貝芙莉參加試鏡，獲選為第九季參賽廚師。他們翻轉了自己的劇本，從無法承受的失望變成過多的機會。一下子無法應付的他們，把願景板轉到背面，要擋住它帶來的魔力。

「我不覺得是板子的功勞」，強尼解釋道。「是我們**使**願景實現，方法則是每天都把這個願景放在腦裡。願景板上百分之九十的事都實現了。重點在於堅守目標。我覺得一天裡會有很多時候，像是你早上起來，想著『幹，我得上班。我恨死通勤了。』你就根本不會想到自己的目標，日子就這樣過了。」

《頂尖主廚大對決》第九季在二〇一一年中拍攝，十一月播出。這一季出現的有系列班底湯姆．柯利奇奧（Tom Colicchio）、蓋爾．西蒙斯（Gail Simmons）、休．阿奇遜（Hugh Acheson）、埃梅利爾．拉加斯（Emeril Lagasse）以及帕瑪．拉克什米（Padma Lakshmi），贏家的獎項則是大家都很熟悉的《食酒》（*Food & Wine*）雜誌專題訪問、「亞斯本《食酒》經典節」（Food & Wine Classic at Aspen）的出場機會，以及一筆幫助贏家實現料理夢想的十二萬五千美元資金。

第九季以德州為背景，這個悠久系列節目裡的每一種元素都出現了：參賽廚師造訪達拉斯等大城，還有聖安東尼奧（San Antonio）的阿拉莫要塞（Alamo）等地標。他們要拿當地的料理特色，像是響尾蛇、牛小排、辣椒等來即興發揮。他們要置入性行銷，像是做出可以搭唐．胡立歐（Don Julio）龍舌蘭的食物，或是開著豐田 Sienna 車款去全食超市。他們還要為一連串虎視眈眈的客座評審做菜，像是米其林三星主廚艾瑞克．里貝特（Eric Ripert）、洛杉磯的瑪麗．蘇．米利肯（Mary Sue Milliken）和蘇珊．費尼格

（Susan Feniger），以及——有點不搭嘎——美聲女伶佩蒂・拉貝爾（Patti LaBelle）與奧斯卡最佳女主角莎莉・賽隆（Charlize Theron）。

鎂光燈的焦點是三十二歲、手忙腳亂的貝芙莉・金。她在前幾集以貝芙莉・金・克拉克之名參賽，穿著黑色的主廚裝，左胸位置繡了ARIA。

八年前，貝芙莉因為特勞特案分化了芝加哥餐飲界，八年後她依然讓《頂尖主廚大對決》變成兩個陣營。節目上的她是個坦率得古怪的人：她還是深信《秘密》，口袋裡放著一張摺起來的字條，寫著**我能**、**我必**、**我願**。她在共同寢室的窗上貼了一張手寫標語，寫的是**恭喜頂尖主廚貝芙莉・金**。在單獨採訪間與其他的訪問鏡頭中，她談到自己在芝加哥的丈夫與兒子，提到她要養家活口，還有「只要我相信，我就能成就。」

幾個笨手笨腳的瞬間讓她看起來很拙——拿ＩＳＩ泡沫瓶*噴到共同主持人帕瑪・拉克什米與現代主義料理大師納森・米佛德（Nathan Myhrvold），還讓煙霧探測器警鈴大作。她還犯了一項廚房大忌，這種事情通常是在冷藏室裡一個人丟臉：在等待牛仔主題烹飪挑戰結果出爐時，她哭了出來，因為自己很想念強尼。

對於她在節目裡的表現批評最大聲的人之中，居然有妮莎・阿靈頓（Nyesha Arrington）——這位以加州為活動中心的黑人女性主廚跟貝芙莉一樣，有韓裔血統（一部分），也是從老派法國菜廚房裡訓練出來的：「烹飪是不能哭的。私底下我很有同理心，但你不能把自己的情緒在整個團隊前表露出來，不然他們會覺得你很弱。」

跟妮莎感受相反的人當中則有李均（Edward Lee），韓裔美國人主廚、餐廳老闆與作家（他的《奶油塗鴉》〔*Buttermilk Graffiti*〕不容錯過）。他跟貝芙莉同樣參與了這一季的《頂尖主廚大對決》，後來他發起「李行動」（LEE Initiative），支持各種地方性與全國性的志業，在業內宛如聖人。第九季結束前，他便表示自己對身為個人與主廚的貝芙莉都非常佩服。

事後來看，這一季表現出這個產業失能的縮影：Moto 的副主廚李奇・法里納（Richie Farina）在第四集遭到淘汰。「我沒能展現 Moto 的水準」，他對同樣來自 Moto 的廚師啜泣，無意間像是嘲弄了對於主廚的個人崇拜。第五集登場的客座評審是紐奧良主廚兼餐廳老闆約翰・貝許（John Besh），他是 #MeToo 運動中第一個被人揭發性侵的主廚。當季的冠軍得主保羅・齊（Paul Qui）後來遭揭發會家暴。

《頂尖主廚大對決》都是由料理與評審對其的評價來決定去留，不像（比方說）《倖

* 製作泡沫的氣瓶，是現代主義料理最常用的工具之一。

存者》（*Survivor*）是參賽者互相投票將彼此淘汰出去。貝芙莉確實料理功夫了得，比大多數的對手都厲害。到了要表現的時候，她多半能繳出漂亮的成果：她以母親以前會做的韓式經典料理辣炒章魚為基礎，做出一道有著烤青蔥與醃黃瓜點綴的章魚料理；響尾蛇握壽司佐泰國羅勒—墨西哥辣椒大蒜蛋黃醬；牛小排配泡菜；辣椒酥烤鮪魚佐哈瓦那辣椒鳳梨莎莎醬；她還在「餐廳大戰」（Restaurant War）單元——業內觀眾最喜歡的單元——憑藉燉牛小排料理奪得冠軍，賺到一趟納帕谷（Napa Valley）旅遊和一瓶葡萄酒——我不會提到是哪一家，又沒有**找我**業配。

過了九集之後，貝芙莉在第十集的評審投票下淘汰出局——不是不喜歡她的料理，只是比賽到了這個程度，就算煮得好還是有可能打包回家。她在第十四集以敗部復活賽「最後機會廚房」（Last Chance Kitchen）勝者身分回歸，但也只是暫時的。

貝芙莉這趟參加《頂尖主廚大對決》的冒險，加速了她個人與專業的發展與成熟。她認為這是自己嘗試過最大膽、最有挑戰性的事情之一，對於自己的表現也很自豪。要自動自發地創造，而且是在沒有團隊或主廚丈夫跟自己腦力激盪的孤立處境中，這種持續的壓力鞏固了她對自己的才能與料理「發言分量」的信心。為了往長期目標邁進而長時間離家，也讓她有了更大的心理與情緒韌性。她沒有贏下比賽，但她並不遺憾。（她上節目的這件事，也讓她的父母終於不再逼她回學校轉換跑道了。）

《頂尖主廚大對決》對貝芙莉，乃至於對全家人來說是風水輪流轉。但對強尼而言，情況卻陷入停滯。貝芙莉繼續工作，他待在家照顧大元，盡可能找些手工來做，讓自己沒空想東想西。但對於要擔負親職的他來說，這往往不太可能。

「真的很難」，他說。「沒有人可以說話真的很難受。我覺得我算是個好爸爸。手工實在是不夠我做。我**能夠**找到的，像是修房子、組家具這些，都沒辦法一邊顧小孩一邊做。我找不到足以平撫焦慮的事情做。有一天貝芙莉跟我面面相覷，想說**我們就這樣嗎**？一個人去工作，另一個人窩在家？」

強尼人這麼謙和，命運感卻很強。他堅信窩在家裡會毀了他，就怕引發精神連鎖反應，怕自己恢復不過來。

「再過幾年我就沒法好好做人了」，他記得當時這麼想著。他開始懷疑自己對自己、對家人來說有什麼價值，關於「存在」的懷疑滲入他的思考。

「我感覺不到自己是個爸爸。我**確實**有很多目標」，他說。「對我來說，就像心裡有個很深的空洞。然後，我開始覺得自己不是個好爸爸，**接下來**因為自己沒能好好養育孩子而愧疚，**再接下來**是覺得**存在這世上感覺好幹**，**我再也不曉得自己在做什麼了**。」

我告訴強尼，我自己經歷過遲發性的憂鬱，大概在我三十歲時達到高點。那時，我跟當時的女友（現在的太太）住在曼哈頓切爾西（Chelsea）一帶。在一個風光明媚的春日星期天，她跟朋友吃完午餐，回家卻發現我還穿著睡衣，坐在客廳沙發上，百葉窗拉下來，屋裡又暗又寂靜。

「我也有過」，他說。「我就是躺在床上。我會把孩子擺在螢幕前面。我什麼感覺都沒有了。」

強尼這一輩子斷斷續續在接受治療，這一回在貝芙莉堅持下，他重新看起心理醫生。

也是差不多這個時候，靈感的火花突然出現，後來形成了緣滿：強尼開始讀起法國新餐酒館運動（neo-bistro movement）相關的資料——這些餐酒館不甩《米其林指南》認不認可，而是在歡樂的氣氛中提供簡單的食物。二〇一二年一月，《紐約時報》登了張錫鎬寫的文章〈二〇一二年去哪吃〉（Where to Go Eat in 2012），分享他走訪全球最喜歡的美食。他在文中熱情地談到巴黎十一區（Eleventh Arrondissement）巴門捷大道（Avenue Parmentier）的夏多布里昂餐廳。「主廚是伊納基・艾茲皮塔特（Iñaki Aizpitarte），沒有人像他一樣，」張錫鎬興奮表示。「他用新方式來做菜，輕鬆的氛圍在美國或許可以找到，但在巴黎則極為罕見。」

強尼對夏多布里昂及其低調而創新的餐點認識愈多，就愈覺得其背後有一股意氣相投的感覺，更讓他一直在追尋的個人料理風格有了輪廓。

「感覺就像我一直試圖在腦海裡達到、卻無法完全做到的那個目標」，他說。

強尼透過巴斯克海岸的前同事，聯繫上夏多布里昂的其中一個老闆洛昂・卡布（Laurent Cabut），對方邀請他來實習，但時間不是一周，這家餐廳的規矩是實習（*stagiaire*）需做一個月。貝芙莉同意了，強尼的父親來幫忙照顧大元。強尼的朋友昆丁（Quentin）當時住在巴黎，讓他來自己家的沙發床睡一個月，供他吃住。只要其中一個環節沒有解決好，這一趟就不可能成行。「我們很窮。但大家都超級慷慨」，強尼說的還包括夏多布里昂團隊。他在夏多布里昂無償做事。「他們很大方讓我去」，他說。「廚房很小，根本沒有空間讓我塞進去。」

現場的情況與媒體的報導確實相符，夏多布里昂讓強尼重拾活力。「不是鬥牛犬（El

Bulli）餐廳的那種實驗」，他說。「是天然食物，天然的食材，用我從來沒見識過的方式來料理。真是大開眼界，是我職涯的另一個跳板，我的經歷跟這一個月的形塑真的密不可分。」（強尼為緣滿設計的不尋常的出餐檢查表，靈感也來自於這裡。）

強尼與伊納基沒有深交，但值得一提的是，這位巴斯克出身的主廚就像先前提到的海克庶與林祉鎬，堪稱是他的知音：伊納基曾經四海為家，做過石雕家與風景畫家，然後到台拉維夫，在一家餐廳洗碗，在這麼多種餐廳中，居然是在塞爾維亞餐廳。之後經過多次搬家與廚房職位的歷練，他返抵巴黎，在一系列的實驗性餐廳引起關注後，才執掌夏多布里昂。

二〇二一年十月我剛好在巴黎出差，去夏多布里昂吃過一次。夏多布里昂對於強尼與緣滿的影響力不是透過裝潢傳遞的；其空間可以回溯到一九三〇年代，仍然保留許多原本的設計元素。更有甚者，夏多布里昂不是開放式廚房；吧檯就在用餐區，不是各自獨立；客人不會拿到印出來的菜單，菜單每天變化——不是緣滿那種以周為頻率——並由侍者根據客人的選擇，以法語或英語口頭告知。但隨著餐點開始成形，影響力也就顯而易見了。夏多布里昂可以點搭餐酒（我們點了）。幾道小點現身，先是乳酪鹹泡芙（gougère），然後是一杯佯裝在小酒杯的奇特料理，侍者稱之為「液體酸橘汁醃魚」

（liquid ceviche），因為其中的洋蔥而帶點紅色，是把傳統醃魚過濾而成的。* 接著是一籃溫麵包。擺盤的料理簡單但精緻：魚料理是些許紅鯔魚、熟南瓜丁，以及一球薑泥，分別擺在盤子的兩點鐘、六點鐘與十點鐘方位。肉料理是鹿肉，浸在用鹿肉高湯做的醬汁裡，旁邊配上一朵舞菇——形狀簡直就像陽具。我們可以選乳酪**或**甜點。（夏多布里昂與緣滿還有更深的相似處：如今夏多布里昂也有姊妹店「王儲」〔Le Dauphin〕，同一批業主，跟夏多布里昂只隔幾間店。）

我們訂的是晚上九點半的位子，以巴黎疫情期間的標準來說也是很晚，因此是最後一批離開的客人。員工完成工作之後，聚在靠窗的幾張桌子，喝著葡萄酒，開懷大笑，放鬆下來。我想起緣滿的團隊也是這樣。這個傳統並非始於這兩家餐廳，提醒了我們這個業界的共同儀式是代代相傳，跨越了地理與語言的界線。

強尼說，對自己**人生**影響最大的人是林祉鎬，但伊納基・艾茲皮塔特是他料理方面的指引。

那年稍晚，貝芙莉和強尼獲聘為「愉快夜」（Bonsoirée）餐廳的共同主廚，這家芝

* 其實沒有文字敘述那麼奇特。這叫「虎奶」（*leche de tigre*），發源於祕魯，是一種人氣飲料。

加哥餐廳不久前剛獲得米其林一星。雖然接下了工作，但他們的韓風菜單未能引起共鳴，他們也在三個月後離職。更有甚者，從剛開始在那裡工作，他們就立刻看出這家餐廳注定要關門大吉。（確實在他們離開後關門了。）他們的合作能力在這種令人擔憂的處境下接受考驗，但他們很清楚這是時勢使然，並未因此影響他們的計畫。離職後，又回到臨時有什麼工作就做什麼的狀態，直到強尼在大草原綠草咖啡找到按時計薪的職位，而貝芙莉則接受在肯德爾的教職。可就連肯德爾的位子，也因為夏季班入學人數不足而延遲。

最終，他們得出了共同的領悟：是時候自己開餐廳，讓成敗來決定他們的未來。他們寫了經營計畫，投資金額為二十五萬美元，大概是國內當時規模相近餐廳平均值的一半。他們跟貝芙莉的父母借了十一萬，這筆錢基本上是雙親原本計畫供她上大學，然後結婚的錢。「我說服他們重新投資在我身上」，貝芙莉認為這一刻是她的父母在為一開始不相信、不支持她職涯「做彌補」。她跟強尼向銀行借了十二萬來補，還有個朋友贊助了六千。

他們花了整整一年才為計畫找到適合的地點。二〇一三年九月，他們終於在艾文戴爾北埃爾斯敦大街覓得一處一百五十平方英呎的空間——當時是「雙味」（Dos

Sabores）塔可餐廳與墨西哥烘培坊——並簽下租約，二〇一三年十一月一日起租約生效。

裝潢期間，強尼在主廚傑森．哈梅爾（Jason Hammel）開在附近的魯拉咖啡（Lula Café）工作，從早上四點到下午一點，然後再去降落傘。他有時候會在沒有外力影響的情況下昏厥。他的膝蓋因為過度使用而受傷，甚至有一小段時間得用拐杖。他們的經營計畫很窘迫：第一年加起來，兩人拿的薪水只有三萬五千美元。（有些同事建議他們乾脆不要拿。）

到了二〇一四年五月餐廳開幕時，兒子大元已經四歲了。他們生活在貧窮線以下，因此根據啟蒙計劃（Head Start program），大元有資格免費上幼兒班。

幸好，餐廳相當成功。《芝加哥論壇報》（*Chicago Tribune*）評論家菲爾．費泰爾（Phil Vettel）津津樂道說，「對我的錢來說……今年芝加哥開幕的餐廳裡最令人雀躍的就是降落傘。」米其林給了一星。《好胃口》（*Bon Appétit*）雜誌把降落傘列入它們的美國年度最佳新餐廳。貝芙莉與強尼還共同獲得詹姆斯．畢爾德基金會獎五大湖區最佳主廚。

降落傘一帆風順，到了五年後的二〇一九年，貝芙莉與強尼在同一條路上自購的建物裡開了緣滿。一開始的緣滿更接近夏多布里昂模式，用餐區套餐菜單的四道菜天天改變菜色。緣滿就跟降落傘一樣深受歡迎。八個月後，疫情讓一切戛然而止。

從肯德爾畢業後，泰麗重返黑鳥餐廳待了一年半，她跟貝芙莉也斷了聯繫，只有在有活動的時候，或是在綠城市場偶爾遇見。

廚師的生活中，有些影響決策的因素是一般人不會考慮到的：泰麗要求輪午班，但不是因為她是晨型人，也不是她對湯品或沙拉特別有好感，而是因為她住在人煙稀少的西洪堡公園（West Humboldt Park），要轉好幾班公車才能到。下班後搭車回家，如果坐晚班，恐怕會到午夜才到家。在大都會裡工作的第一線廚師，通勤時間多半都超過一小時，而且途中難免經過治安不好的地鐵線或街區。

做久了之後，她也開始做晚班，最後每一個崗位都做過了。這是一場持續的考驗：即便是冷盤——在許多廚房都是最基層的崗位——都異常艱難，兩個廚師要出十道料理。她印象深刻的料理有：大比目魚配刨蘿蔔絲、翡麥、小「萊姆多力多滋」（lime

Doritos，把萊姆切成迷你的三角形）、醃漬芥子、芥末「高湯」（類似油水分離的油醋，加上芥子油與萊姆葉）與芥菜；火烤鱘魚配手指馬鈴薯、烤韭蔥和豬腳高湯；小牛胸腺配四季豆、榛果奶油與榛果碎；還有小羊肉韃靼。

許多雄心壯志的主廚，尤其是在大城市裡工作的，會在下班時間投入對料理知識與靈感的追求，到簡直入魔的程度，但泰麗沒有。喔，她還是會看一些以主廚為主軸的節目，像是業經美化過的網飛（Netflix）傳記類劇集《主廚的餐桌》（*Chef's Table*），但她並未抱持什麼使命，也不愛看食譜（直到她接下在緣滿的職務才改變），或是熱衷於追求新的靈感與新手法。（我蹲點的那一周，她根據法蘭西斯科．米戈雅〔Francisco Migoya〕的《甜點要術》〔*The Elements of Dessert*〕當中的食譜來烤塔。）她很喜歡在家做義大利麵或隨便煮，在嘗試摸索中找出新的組合與點子。

日子久了，她逐漸往上爬，最後成為大衛．波西的副主廚。

泰麗認為自己是主動型的管理者，這是因為波西的指點。

「大衛對我們諄諄教導一件事：要假設每件事情都出了問題。當了他的副主廚四年，我總會注意各種事物，思考**有沒有出錯**？**為什麼出錯**？**怎麼樣盡快彌補**？」

她的下一份工作是到大衛的妻子安娜．波西（Anna Posey）主管的「酒館老闆」（The

Publican）餐廳的糕點部門，磨練基本的甜點製作功夫，接著是「前奏」（Intro）——這家芝加哥餐廳會延攬一連串的客座主廚，能夠在無需適應新環境的情況下，為各種不同專長的主廚個別工作幾個月，這樣的可能性很吸引她。

她有一年在「avec」餐廳替佩瑞・亨德里克斯（Perry Hendrix）工作了一年，因為那時大衛・波西正在為自己的餐廳「Elske」的開幕做準備，二〇一六年開幕後，她就轉過去擔任第一代的副主廚，一直做到疫情讓餐廳在二〇二〇年完全停業為止。（「Elske」在二〇二一年十二月重新開幕。）差不多在這時，貝芙莉伸出援手，找她加入緣滿團隊，一開始是做社區廚房工作——疫情爆發的頭幾個月，緣滿開始經營社區廚房。久了之後，泰麗開始負責管理食堂，一周工作四天，在現實上與情感上都是一種放鬆。（廚師通常不曉得一旦沒有了進廚房的時光與整個團隊組織，該怎麼過生活。）等到一波波的疫情開始在二〇二一年放緩，有其他餐廳跟泰麗接觸，想招攬她，但她接下了緣滿的職位。

看到泰麗怎麼進行自己在緣滿的日常事務，平鋪直敘不帶情緒糾正團隊在屠宰、擺盤、時間管理方面的細微處，你絕對想不到她年輕缺乏自信。與此同時，她卻又是個不著痕跡的領袖。在餐廳蹲點的當周周末，我在一次接續訪談中坦白說自己在第一天（星期二），完全無法想像她會怎麼運用從菜單會議到開始供餐之間大部分的時間。結果她無役不與，幫助備料時需要幫手的人、叫來賣家回收送錯的貨、回答廚師的提問、在陽光流瀉的用餐區面試新人，以及參與管理階層的會議。你看過突襲巴基斯坦宅院，擊殺奧薩瑪．賓拉登（Osama Bin Laden）時白宮戰情室的那張照片嗎？就是那張有歐巴馬總統，坐在內閣成員與好幾顆星星之間，雖然握有指揮權，但放手讓其他人執行的照片。那就是我對於泰麗管理風格的想法。

至於現在，她正在注意又一輪的肉料理——不是第十二桌的，而是分別給快要吃完的一組兩人桌與四人桌的。魯本在六個盤子上擺上番茄，湯瑪斯舀醬汁淋上去。在這道菜中，強尼、貝芙莉與泰麗自己的影響，已經再也無法與彼此區分開來。他們各自的過往與共有的現在，他們的腦力激盪與天外飛來一筆的靈感、反覆試驗、必要性與創造，成就了這道菜。這道菜的味道與口感，驗證了他們所支持的農場採用的農法，驗證了他們的主廚灌輸給他們、他們再灌輸給廚師的教誨。這道菜是他們的人生、這一周與這一天的總結。當然，客人不可能洞悉這一切，而且重點也不在這裡。一切都在餐盤裡，在每一口裡。無論他們知不知道，都在那裡。

第六章

盛盤

Plate-up

在緣滿的地下室，在狹窄陡直的樓梯底下，站著餐廳營運背後的一位無名英雄：布蘭卡．巴斯奎茲（Blanca Vasquez）。布蘭卡是赴美定居的厄瓜多人，自從小時候在昆卡（Cuenca）當童工收割甘蔗與稻米開始，鍛鍊出一輩子的好體力。她從來沒有在樓上的餐廳用過餐，也只會講西班牙語。她清理陌生人留在碗盤、玻璃杯與餐具留下來的東西，靠她強力的廚房水槽噴槍，再使出自己的力氣，用海綿與鋼絲絨刷去所有難搞、頑強的汙垢。

四十九歲的布蘭卡是緣滿的洗碗工，身強體健，膚色曬得很黑，站得筆直，穿著廚房工作鞋。廚師有標誌性的廚房裝束，她也有：頭髮挽到後腦綁成包頭，戴了一條紫色布質髮帶，前額的位置有一朵和髮帶相同布料做的花朵造型。髮帶前高後低，把她眼鏡的鏡腳緊緊固定在隱沒於耳後的地方。她穿著寬鬆的女襯衫，花樣是原色條紋，然後穿著白色圍裙擋潑濺，圍裙穿得很鬆，宛如吊橋般垂在身前。

布蘭卡的故鄉昆卡位於厄瓜多北部。她是九個兄弟姊妹中的老大，從九歲那年她母親叫她坐下，告訴她等到自己死後，養育弟弟與七個妹妹的責任就會落到她身上之後，她就一直在做體力活。（她的母親尚在人世，但卻已經埋葬了布蘭卡的五位手足。）

布蘭卡剛十一歲時，就跟未來她孩子的父親結成對。「生活很難」，她母親告訴她。

「但別無他法。」

等到那個男人拋棄她的時候，他們已經生了三個女兒。二〇〇四年，三十二歲的布蘭卡移居美國，把孩子留在厄瓜多，才能賺錢寄回家。（她在緣滿營業時間前一小時，用西班牙語告訴我這些和接下來的故事，由荷西・比利亞羅沃斯為我們居中翻譯。）她的同行團體選擇在芝加哥落腳，可以說她是被動來到這裡的。回想當年，喚醒她五味雜陳的情緒：既有多年看不到女兒的苦楚，又有第一次見識到中西部的冬天時，一開始在雪裡玩得像個孩子的懷舊之情。

布蘭卡・巴斯奎茲在供餐正忙時專心工作。

布蘭卡對緣滿的用餐體驗有著模模糊糊的概念，知道有魚料理、有肉料理，諸如此類。她曉得，樓上的飲食與服務跟那種不三不四的小酒吧——她早就忘了那些自己工作過的店家叫什麼名字了——完全不同。在家時布蘭卡喜歡下廚，製作厄瓜多肉丸、炸魚、燉魚、貝類、雞肉和豆子（尤其是白腰豆與金絲雀豆）給朋友吃。近幾年她不再大費周章，只有一大群人一起放假過節，她才會花時間精力做飯。

她菜燒得很好：以前在厄瓜多，她在一些提供傳統料理的餐廳工作，擔任她所謂的「廚師」（cook），意思是主廚。這解釋了我們對話期間發生的事情：她在敘述自己喜歡煮的菜時，會表現出職業廚師的習慣，重現刻在肌肉記憶中的反覆動作。她手舞足蹈，模仿每一道菜準備的過程——手翻著想像的魚，把蝦子丟進幻想的熱鍋裡，然後搖動看不見的一鍋豆子。也許只是個夢，但要是有機會再一次以廚師為業，或者擁有一家餐廳，她會二話不說答應下來。

移民讓她從廚師降級成洗碗工。前一位雇主不得不解雇她之後，本地廚房工人的非官方關係網指點她去降落傘，她獲得雇用，後來轉到姊妹餐廳緣滿。

以在餐廳工作的人來說，布蘭卡的輪班異常孤立：她不會說英語，因此她跟多數職員的互動，也就僅限於她在每晚供餐前一小時到班、消失在樓梯下方之前，廚房成員跟她「hola、hola」的打招呼而已。少數員工如荷西會講西班牙語，會不時看看她的狀況。她希望自己能聽懂大家說什麼，甚至小聊一下。她的工作時數多半都在地下室度過，只有在同事像陣風經過，要從冷藏室或乾貨儲存區拿什麼的時候才會看到他們。

由於布蘭卡對廚房與用餐區的作業流程所知有限，她得靠實體物證的提示，像是餐廳的擦拭工艾克托．布拉西歐（Hector Blacio）——正好是她女婿——火速拿下來給她的容器裡裝了那些東西，來維持餐廳運作順暢。除了用餐器具，裡面還混有金屬製用具，像是鍋子和煎鍋、湯匙與過濾器、攪拌棒和調理盆，以及其他被客人或廚師弄髒的用具與器皿。這些東西必須盡快重返賽道，因此布蘭卡的先後順序每分鐘都在變。通常（尤其是剛入夜時）每當艾克托把一批東西擺在不鏽鋼置物架上，她就會先清一點，把它們安插進聚丙烯瀝水架上，好讓空間最大化。擺放的安排過程就像自己跟自己下棋。一旦有餘裕，她就會把瀝水架推進洗碗機（用滾燙熱水沖洗餐具的機器），按下啟動。幾分鐘後，她打開蓋子，東西在一陣蒸汽中再度現身，從足以殺菌的高熱下重生。

假如時間緊迫，尤其是周六晚上，布蘭卡會本能地加快清洗速度。要是髒盤子和髒廚具堆積起來，就代表她手腳太慢。假如她注意到有什麼，比方說餐盤的數量特別多，她會優先處理——假如有二十個，她會連同其他五花八門的東西先弄十個，剩下的十個就等下一批髒東西送來再一起處理，如此反覆。

除了艾克托，布蘭卡的幫手還有精瘦結實的馬努埃爾・阿斯提姆拜（Manuel Astimbay），她的同居人兼周末幫手。就跟多數晚上一樣，馬努埃爾的位置在布蘭卡身後，迅速用毛巾把洗碗機出來的東西擦乾。

在專業廚房的所有任務當中，用餐的客人最不會想到，也最無法理解的，想必就是洗碗了。這主要是因為客人多半沒有意識到髒盤子不會像老電影裡面演得那樣，全部堆積到一晚的最後，再逼賴帳的客人洗碗抵帳，而是在供餐**期間**清洗並回到用餐區。換句話說，若甲客人進餐廳的時候，乙客人正在清光主菜，那下面的那張盤子有可能在一小時後拿來端甲客人的餐點上桌。因此，洗碗工堪稱是一家餐廳裡最不可或缺，價值最受公認的人物，每一位主廚或廚師都會告訴你，要是洗碗那一塊垮了，不久後就會引發連鎖反應，壓垮其餘部分。人生就是這樣，廚師、副主廚乃至於行政主廚會來來去去，但主廚會傾洪荒之力，盡可能久留一位可靠的洗碗工，甚至帶到下一個就職的地方。布蘭卡與艾克托都很懂這一點。分別採訪他們之前，我一開頭就說自己希望把他們寫進本書，因為我深信他們的付出不僅不可或缺，而且得到的賞識不夠多。他們用力點了頭，彷彿在說「嘿，講點我們**不**知道的吧。」

洗碗也是最常見的入門契機。雖然有無數個布蘭卡與艾克托會洗一輩子的碗，或做類似的工作，但也會有青少年做洗碗因為這是少數他們這個年紀可以做的工作，接著他們可能在專業廚房中感到自在，然後因為對食物與廚房環境的愛而展開烹飪生涯。縁滿團隊當中沒有做過洗碗工的人占多數，但這並非常態；即便如此，魯本在職涯一開始洗過碗，強尼最初也是洗碗工，目前負責 Goldbelly 訂單的前降落傘副主廚大衛・倫德同樣也是。「當時我就是個想在放學後找打工的高中生」，大衛談起自己在紐約州雪城（Syracuse）附近的「格倫湖磨坊」（Glen Loch Mill）餐廳兼職的事。大衛深知，諷刺的是，又髒又溼的洗碗工作往往為餐飲業注入新血。「你會以為那是種阻礙，大多數人不會想做」，他說。身為一個學業表現還可以、對烹飪有天分的學生，大衛曾經以鑑識科學與從軍作為求學與職涯的道路，但餐廳嘈雜的環境聲響、用雙手工作的機會，加上**不用**關在辦公隔間對著空洞的電腦螢幕，讓他實在難以抗拒。在我為了寫作本書而晤談過的所有餐飲界人士裡，只有大衛提及不久前去世的安東尼・波登（Anthony Bourdain）經常大為讚賞的一種品行：「廚房是最後的英才社會，一個由『絕對』構成的世界」，波登寫道。「每天結束時，人人都知道自己幹得好不好，沒有模糊空間。」身為洗碗工，你得「自己掙來那些髒汙」，對此深有體會的大衛從中看到與專業烹飪的類似之處：「只要你努力鑽研，就會看到自己進步」，他說。「這也是需要實踐才能證明的事情：要是做出來的東西好吃，看起來也很不錯，**那就是了**。」

但對布蘭卡來說，洗碗是烹飪**之後**的事情。至於艾克托，嚴格來說他不是洗碗工。他是餐廳的擦拭工，意思就跟字面上一樣：他用人工把玻璃器皿擦亮，讓它們跟顧客期待的一樣乾淨，一塵不染。實際上，他的工作範圍不只於此。他（以西班牙語自豪地說）「身負重任」。他不停把盤子、杯子與廚具拿上拿下，將這些用具補進廚房與用餐區。只要情況許可，他也會幫助布蘭卡與馬努埃爾清洗用具，就像珍娜也會幫忙做熱食一樣。

和布蘭卡一樣，艾克托也離開了厄瓜多的家人——妻子與兩位大孩子——把大多數的收入寄回去給他們。在厄瓜多的時候，艾克托是建築工人，蓋房子，但覺得工作愈來愈無聊。他趁著在芝加哥重新開始的機會改做餐廳工作，不過在接到電話的時候，他偶爾還是會有想戴起工地帽的習慣。他並不自滿，而且想讓貝芙莉與強尼感到滿意，因為他們深知整個團隊的重要性，對此他深感佩服。對他來說，餐廳愈忙碌，他就愈有機會證明自己對這裡、對美國的價值。真的很忙的時候，他就會反覆思考這份工作——以及這個國家——為自己帶來的可能性來維持平靜：在厄瓜多還有房有車，在芝加哥也有車可以讓他十五分鐘快速通勤，還有能力為孩子提供好的教育，以及比自己更輕鬆、在職涯發展上更充實的人生。所以，艾克托現在想必鬥志高昂，因為餐廳正接近全速運轉：他今晚不知第幾度爬上階梯時，吵雜聲比幾分鐘前他下樓時還要大聲。他越過珍娜，拐彎進到廚房，可以看到出餐台另一側的用餐區。那種感覺就像通過運動場的大門，進入一場夜間比賽的照明燈光下。他繞過魯本，把餐盤擺到爐子上方的鋼架上，然後原路折返，迅速回到樓下。

用餐區裡，音響正撥放著黑喬・路易斯與蜜熊樂隊（Black Joe Lewis & the Honeybears）的〈蜜糖足〉（Sugarfoot），是一首放克、詹姆士・布朗（James Brown）風格的歌。

廚房已經達到這一周的高潮。非如此不可。這家餐廳已經一年多沒有這麼滿過，每一桌餐點進度各不相同，客人們身處同一個空間，他們的聲音融合為一條歌，而餐具與玻璃的聲響則是節拍。這是餐廳恢復正常的聲音。大家稍後會再回味。眼下保持步調才能成功。每一個人的身心都灌注在個別的任務上，以精確、迅速的動作執行。珍娜把兩盤生菜擺上出餐台；泰麗立刻派格里芬把它們送去給一桌剛入座的客人。至於熱食區，供六位客人的開胃菜已經到了流水線的最後，魯本舀起玉米筍薄片，在六個碗裡各擺一圈；湯瑪斯跟著他的動作，把青銅茴香葉排在每一份餐的醃蛋黃周圍，然後把碗擺上出餐台。泰麗向卡莉與荷西點頭。他們各自拿起三個碗。「第十六桌」，泰麗說道，卡莉與格里芬迅速送餐。

經過幾周的磨合，廚房已經掌握出餐節奏，各司其職。今晚不會再有喘息空間。沒有機會慢慢喝水或是蹲廁所。下一次的休息，就要等到最後一份甜點上桌才會到來。

魯本跪下去把裝著蛋黃的 Lexan 容器擺回矮冰櫃。湯瑪斯已經開始幫下一批要烹煮、擺盤的無鬚鱈調溫。

泰麗掃視控菜表。第十二桌隨時準備要上肉料理，另外三桌也是。她對湯瑪斯和魯本說：「下十二份肉。」

湯瑪斯點點頭，轉身對著烤箱。

「大家注意」，泰麗重新看了表單。湯瑪斯停下，轉身。「十二份之後我們**還要**在下八份。」

湯瑪斯再次點頭，回頭工作。

魯本站起來，環顧熱食區：當下一切都在掌握中。出餐台完全沒有東西。有個空檔可以利用，只有這位曾經是、未來也會是主廚的人注意到。

「我們要不要一次做二十份？」他問。他的大膽讓其他人不可置信。

「你**能**做二十份？」強尼大聲問，才能壓過蜜熊樂隊的喇叭聲。

魯本望向湯瑪斯，也就是他在指揮鏈的直屬上司，湯瑪斯鄭重點頭表示認可。兩人於是望向強尼與泰麗，齊聲答道：「能。」

星期六晚上已經很久沒有出

魯本與湯瑪斯準備來一次充滿野心的盛盤。

二十份餐了；強尼與泰麗抓準機會：「**動手！**」

泰麗監督著愈來愈快的動作與步調：魯本把二十個剛送上樓、還帶著洗碗機餘溫的盤子擺上工作台，排成數量不同的三排，湯瑪斯則從烤箱中取出擺前腰脊肉的烤盤，迅速把肉塊切成四盎司的分量。

潔西卡與侍者們圍過來出餐台，偷閒來看這次盛盤，這是餐廳重新開幕以來最豪氣的一次出餐。貝芙莉剛剛回來（孩子留在家給保姆照顧），從酒吧區進到用餐區。潔西卡湊到她耳邊講悄悄話，讓她知道現在的進度。貝芙莉精神一振，湊過去跟員工一起當觀眾。

團隊按照強尼在本周一開始的提點，自動自發分配擺盤任務：魯本一手端著烤盤，上面盛著橫切半、部分脫水的番茄，另一手則把一塊塊番茄擺在每一個盤子的中心點旁邊。珍娜一聽到「下二**十份**肉」的指示，就暫時加入熱食區，拿起平底深鍋和長柄杓做準備；只要番茄擺好，她就會舀起紅酒濃縮醬汁，從盤子中心淋下去。湯瑪斯同樣用手，在每一盤的番茄旁邊擺上一份前腰脊肉，放在剛剛淋下去的醬汁上。最後輪到強尼拿起裝酸模葉的 Lexan 容器來收尾，把酸模葉放上去、靠著牛肉。

〈蜜糖足〉（Sugarfoot）播完，換成老九七（Old 97'）樂團的酒吧音樂界的國歌〈伊利諾州香檳〉（Champaign, Illinois），這首歌原本是獻給比芝加哥稍南的城市。在重刷的吉他和弦與鼓聲襯托下，主唱瑞特・米勒（Rhett Miller）哼唱著蹉跎的光陰、浸滿波本酒的回憶，以及要是你能把握機會的話，「你不會上天堂，你會去伊利諾州香檳。」

強尼以無聲的方式對擺好的每一盤菜開綠燈，魯本和湯瑪斯把它們擺上出餐台，泰麗分配侍者，然後完成控菜表上的叉叉：

「卡莉，拿四盤給第八桌。」「荷西，拿三盤給第四桌。」

老九七樂團激情演奏，即興的樂聲席捲用餐區。

「努莎，那兩盤給第十二桌。」

努莎拿起盤子，轉身，確認走道暢通，踏著輕快的步伐到第十二桌。端到桌邊時，那對夫妻停下了交談，目光期待。

「乾式熟成前腰脊肉佐番茄與酸模」，她一面說，一面擺好盤子，然後轉身走回出餐台，那兒還有其他盤正等著。

後記
Afterword

緣滿餐廳，也就是書頁上勾勒的這家餐廳，已經停業一段時間了。早在本書完成之前，大部分主要人物已經離開了——或者去其他餐廳，或者轉換跑道，或者前往不同城市。到了二〇二三年春，書中側寫過的人只有貝芙莉、強尼與泰麗還在。這就是餐飲業生態。領薪水的人來來去去，在追尋自我、幸福與富足的路上通常宜早不宜遲。

餐廳關門也是生態的一環。除了少數例外，大多數餐廳就跟百老匯表演一樣，終究都要謝幕。緣滿在二〇二一年七月二十四日享受到的興隆生意與隨之而來的樂觀情緒，延續了幾個月。然後是新冠 Omicron 變異株海嘯襲來，在新年檔期把美國餐飲業的根整個抽走。傳統上，新年檔期是一年當中最賺錢、利潤好的兩個月，而疫情再起的時間點之殘酷，害得業主（經營者）得不到亟需的收入，因而掀起新一波臨時與永久停業的浪潮。疫情過後，緣滿再也沒有恢復先前的魅力，強尼與貝芙莉也解讀不出原因。接著是二〇二三年五月的致命打擊：餐廳的汙水管線在路面下爆開，緣滿因此無法開業。修復費用估計要好幾萬，貝芙莉與強尼無力支付，只能關門大吉。

不幸中的大幸是，餐廳所在的建物是他們的，所以他們還可以構思，看有什麼新的點子能以相對低廉的金額，活化再利用空間，並籌集資金。

我們見證的那一晚**確實**有其魔力，讓人感覺緣滿八成可以度過最艱難的關，撐下來，甚至是生意興隆好幾年。有時候，我們很幸運能在醫院病床邊跟所愛之人道別；有時候劈頭就是一通電話，通知我們人已經走了。緣滿走的就是這麼突然。

這家餐廳如今以開枝散葉的方式存在。它的廚師與主廚繼續應用自己在餐廳裡學習與精進的手法與理念，並將之傳遞下去。只是，一旦過得夠久，緣滿就跟大多數的餐廳一樣，終將消失在時間長河中。但發生在那裡的事情，將會歸入這個產業的集體心靈，在猶待構思的菜色中迴盪。

謝辭
Acknowledgments

非常感謝以下朋友、家人、同事，以及素不相識卻領我進入他們的世界，或是在我需要的時候幫助我的陌生人。

我的編輯 Peter Hubbard 早在二〇二〇年的黑暗日子中第一個對本書抱持信任，一路提供關鍵的支持、智慧與耐心。我永誌不忘。

我的朋友兼經紀人 David Black 從不放棄，在我最不情願的時候仍親切敦促我跟 Peter 講那一通「認識一下」的電話。若是沒有那通電話，本書就不會存在，至少現在不會。

緣滿團隊，尤其是 Johnny Clark、Beverly Kim 與 Tayler Ploshehanski。還要感謝 José Villalobos 兩度在訪談時擔任口譯。謝謝你們慷慨參與這個計劃。能夠從旁觀察、認識你們，是我的榮幸。

感謝在書裡接受側寫的農民、供貨商與勞動者大方撥冗。還要感謝他們的團隊，尤其是 Kayla Biegel、Steve Freeman 與 Nick Nichols。

感謝編校 Suzanne Fass（AKA 我的真人安全網），她的仔細、敏銳與查核已經救過我好幾本書，免於一次次的顏面掃地。還要感謝 HarperCollins 團隊：助理編輯 Molly Gendell、生產經理 Kimberly Kiefer、編務 Stephanie Vallejo、平面設計 Renata DiBiase、封面設計 Brian Moore、行銷指導 Kelly Dasta，以及公關 Lindsey Kennedy。

非常感謝 John Campanelli、Todd Ellis、Andalyn Lewis、F. Richard Pappas 與 Carrie Tanner 幫助取得在引言中引用歌詞的許可。

謝謝長期聽打逐字稿，也是全天下最棒、最搞笑的嫂嫂 Sharon Saalfield。我的主場隊伍：Caitlin、Declan 與 Taylor。我愛你們，你們是我的寶，我很高興這本書誕生在你們共同的生日，孩子們。

謝謝我的狗 Hudson，若是沒有他在我腳邊陪伴，那些日子將會無比孤獨難耐。

謝謝 Greg Baxtrom、John Bravakis、David Cassidy、Diego Galicia 與 Rico Torres、Caroline Glover、James Gregorio、Max Katzenberg、Barbara Kopple、Steve Kroopnick、Gabe McMackin、Chandra Ram 與 Jay Wilder、Hanna Raskin、Julia Sullivan，以及 Douglass

Williams，他們知道為何而謝。

謝謝我的朋友 Lauren Bloomberg、Scott Gramling 與 David Waltuck 撥出時間，在手稿的不同階段閱讀全部或部分，分享寶貴的意見。

我一定要向以下人士致敬，不然就是瀆職。感謝 John McPhee 的影響與啟發；感謝多年來照顧我跟我工作過的記者與廣播人；感謝每本書的讀者；感謝收聽我的《安德魯與主廚對話》（*Andrew Talks to Chefs*）播客（podcast）的聽眾，尤其是那些願意花時間寫下隻字片語，或者在餐廳與研討會跟我打招呼的你們；還要感謝 S.Pellegrino 公司，尤其是 Filippo Mazzaia 與 Michele Vieira，多年來以大大小小的方式，一直支持這個播客和我個人。

還要謝謝那些我可能漏掉的人：我很抱歉。下次我請喝酒。

美味上桌前

〔harvest〕006

從餐飲供應鏈的產業直擊，品嘗餐盤裡的勞動與人情

The Dish: The Lives and Labor Behind One Plate of Food

作者　安德魯・傅利曼（Andrew Friedman）
譯者　馮奕達
副總編輯　洪源鴻
責任編輯　張乃文、洪源鴻
行銷企劃　二十張出版
封面設計　虎稿・薛偉成
內頁排版　宸遠彩藝

出版　二十張出版／左岸文化事業有限公司
發行　遠足文化事業股份有限公司（讀書共和國出版集團）
地址　新北市新店區民權路108-3號3樓
電話　02・2218・1417
傳真　02・2218・8057
客服專線　0800・221029
信箱　akker2022@gmail.com
Facebook　facebook.com/akker.fans
法律顧問　華洋法律事務所　蘇文生律師
印刷　呈靖彩藝有限公司

出版　二〇二五年三月——初版一刷
定價　四五〇元

ISBN ｜ 9786267662120（平裝）、9786267662113（ePub）、9786267662106（PDF）

美味上桌前：從餐飲供應鏈的產業直擊，品嘗餐盤裡的勞動與人情
安德魯・傅利曼（Andrew Friedman）著／馮奕達譯
初版／新北市／二十張出版／左岸文化事業有限公司出版／遠足文化事業股份有限公司發行／ 2025.03 ／ 288 面，14.8x21 公分
譯自：The Dish: The Lives and Labor Behind One Plate of Food
ISBN：978-626-7662-12-0（平裝）
1. 餐飲業　2. 餐廳　3. 食品工業　4. 農業
483.8　114001299